Die Wetterküche

JAHRESZEITEN & REZEPTE

Für Christine
Für Robert

ISBN 978-3-89798-544-5

BuchVerlag für die Frau GmbH, Leipzig 2018
Covergestaltung und Layout: Nicole Schwarz, Berlin
Fotos: siehe Bildnachweis S. 160
Druck und Bindung: COULEURS Print & More
Printed in Slovenia

www.buchverlag-fuer-die-frau.de

Die Wetterküche

JAHRESZEITEN & REZEPTE

Spitzenkoch
Herbert Frauenberger
und Diplom-Meteorologin
Michaela Koschak

Inhalt

Herbst

Winter

Vorwort

Das liebe Wetter – es spielt in unserer modernen Welt eine vermeintlich kleine Rolle. Im Laufe des technischen Fortschritts entwickelte es sich immer mehr von einem existenziellen zu einem Small Talk-Thema, das nur nebenbei abgehandelt wird. Das Wetter hierzulande schlägt an den meisten Tagen nur leichte Kapriolen und verändert unseren Alltag dadurch kaum. Oder doch nicht? Denn das Klima beeinflusst noch immer erstaunlich viele Bereiche unseres Lebens. Denken Sie nur an die Landwirtschaft, an unsere Ernährung, die Gesundheit, den Verkehr, die Freizeitgestaltung und auch an unsere jeweilige Stimmungslage. Es ist wichtiger, als man denkt, was sich da oben in der Atmosphäre abspielt. Auch die Jahreszeiten sind Teil dieser Naturkräfte, denn sie bescheren uns nicht nur Frost oder Wärme, sie sortieren auch das Jahr. Man mag sich vielleicht kaum mehr erinnern, aber es gab Zeiten, da waren Nahrungsmittel und Jahreszeiten sehr eng miteinander verbunden: Pfefferkuchen und Stollen gab es nicht im September, und die Sommerfrüchte wie Erdbeeren, Kirschen oder Aprikosen konnte man tatsächlich erst im Sommer genießen. Natürlich gab es auch Ausnahmen: Wer erinnert sich nicht an die Weihnachtszeit, wenn es endlich wieder Bananen und Orangen gab. Das erste Mal nach fast zwölf Monaten wieder diese saftige, süße Säure der Orange schmecken – einfach himmlisch!

Heute sind diese zwei Delikatessen unserer Kindheit nur zwei Früchte von vielen im Supermarkt, damals jedoch wahr gewordene Träume. Die Jahre sind vergangen, die Welt hat sich gedreht und man bekommt heute fast alles jederzeit und überall zu kaufen. Angesichts all der kulinarischen Selbstverständlichkeiten hält sich die Vorfreude dabei oft in Grenzen: Wer will, der kann und es gibt auf den Märkten fast keine Saison mehr. Das ist schön und eben doch auch ein wenig mit Wehmut verbunden. Die Vorfreude auf das Seltene ging mit der ständigen Verfügbarkeit sämtlicher Lebensmittel verloren.

Bei allem Genuss vergisst man recht schnell, dass vor noch gar nicht allzu langer Zeit – und in vielen Teilen der Welt bis heute – das Wetter fürs bloße Sattwerden noch extrem wichtig war: Wenn schlechtes Wetter die Ernte verhagelte, gab es lange Zeit wenig zu essen, hungern war und ist angesagt. Schnell verdrängt man in unseren Breitengraden die Abhängigkeit des Menschen vom Wetter, doch die Kontraste sind enorm. Lange Trockenheit und Dürreperioden haben bis heute schlimme Hungersnöte mit unzähligen Toten zur Folge. Derweil geht in unseren Breiten das richtige Maß für Nahrung immer mehr verloren, die Menschen werden dicker und kränker, und die hochindustrialisierten Lebensmittel, von denen kaum einer weiß, woher sie kommen und was sie enthalten, schaden oft den Menschen und ihrer Gesundheit. Sollten wir uns nicht lieber zurück auf die Dinge

besinnen, die wichtig sind? Das bewusste Essen und Zubereiten gehört unserer Meinung nach dazu: gesunde Lebensmittel, die nach Saison und Region zubereitet und genossen werden – am besten gemeinsam mit Familie und Freunden! In diesem Buch möchten wir Ihnen genau das schmackhaft machen. Zahlreiche leckere Rezepte sind deshalb die Grundlage dieses Buches, angereichert mit Interessantem und Wissenswerten rund ums Wetter und die Atmosphäre, passenden Bauernregeln und hilfreichen Gartentipps für das ganze Jahr. Nehmen Sie auch die Natur, das Wetter, den Himmel und die Tiere mal wieder intensiv wahr. Dann kann aus Ihnen nämlich ein kleiner Meteorologe werden. Dank eines kundigen Blicks in die Natur können auch Sie die ein oder andere kleine Wettervorhersage wagen. Mehr dazu und viele andere spannende Details lesen Sie in unserer Wetterküche.

Ihre Michaela Koschak und Ihr Herbert Frauenberger

Über die Rezepte ...

Kochen ist so viel mehr als nur die Zubereitung von Nahrung. Der Kunst des Kochens frönen viele Menschen mit Leidenschaft, in den Küchen der Republik wird mit Lust und Liebe geraspelt, geschnippelt und gebraten. Jede und jeder mit einer guten Portion Leidenschaft fürs Kochen wird das kennen: Über die Zeit sammeln sich viele Rezepte an. Oft sind sie mit schönen Erinnerungen an gemeinsame Familientreffen verbunden oder rufen kurzweilige Abende mit guten Freunden ins Gedächtnis. Die im Buch aufgeführten Rezepte stammen aus der reichhaltigen und über Jahre angelegten Rezeptsammlung Herbert Frauenbergers. Sie alle sind nicht nur ausgiebig getestet, sondern entsprechen den regionalen und saisonalen Ansprüchen an Nahrungsmittel, die Herbert Frauenberger hat.

... und über den Garten

Herbert Frauenberger ist nicht nur ein erfahrener Spitzenkoch, sondern auch Hobbygärtner. Denn für ihn verbindet sich gutes, schmackhaftes Essen automatisch mit dem Anbau und der Nutzung von eigenem Obst und Gemüse und selbstverständlich auch von Kräutern. Als Pilzsammler und Freizeitbotaniker weiß er viel Interessantes und Wissenswertes über die Flora heimischer Gärten zu berichten und verrät im Buch den einen oder anderen Tipp. Eines seiner wichtigsten Anliegen, das er auch in seinen Kochveranstaltungen seit Jahren propagiert, ist das Vermitteln der Vorzüge der regionalen und saisonalen Küche und die Achtung vor der aufwendigen Arbeit, bis Obst und Gemüse verarbeitet werden können. Vor allem sind selbstgezogene Lebensmittel frei von Schadstoffen, belasten durch entfallende Transportwege nicht die Ökobilanz und kommen ohne Plastikverpackungen aus. Eigenanbau schult durch die notwendige Wetterbeobachtung die Fähigkeit, den richtigen Saat- und Pflanztermin zu finden und das Reagieren auf Wettereinflüsse. Heimische Superfoods und hiesige Power-Kräuter - das alles wächst seit Jahrhunderten hier in der Region, ihre Kräfte und ihren Geschmack zu nutzen, ist der kulinarische Anspruch Herbert Frauenbergers.

Meteorologen und die Jahreszeiten

Die Natur und das Wetter halten sich selten an den meteorologischen oder den kalendarischen Anfang einer Jahreszeit - sie machen jedes Jahr aufs Neue, was sie wollen. Auch die Meteorologen wie Michaela Koschak haben andere Jahreszeiten als der Rest der Welt und halten sich nicht an die kalendarischen Jahreszeiten. Das hat einen einfachen Grund. Als Wissenschaftler nehmen sie das mit den Zahlen sehr genau und wollen auch möglichst genaue Vorhersagen machen. Deshalb muss bei ihnen jede Jahreszeit in jedem Jahr (abgesehen vom Schaltjahr) genau gleich viele Tage haben.

So beginnt der Frühling für Meteorologen am 1. März, der Sommer am 1. Juni, der Herbst am 1. September und der Winter am 1. Dezember. Kalendarisch richtet man sich beim Festlegen der Jahreszeiten nach der Sonne. Die Erde hängt bekanntlich ein bisschen schief in den Angeln, um genau 23,5 Grad. Dadurch sind wir auf der Nordhalbkugel beim Umrunden der Sonne mal zu ihr hin geneigt und mal von ihr abgewandt. Die Sonne hat deshalb mal mehr, mal weniger Kraft; es ist wärmer beziehungsweise kälter, die Tage sind länger oder kürzer. Unsere Jahreszeiten haben also eine astronomische Ursache und prägen so auch den Kalender: Die Tage der Tag- und Nachtgleiche, Tag und Nacht sind also genau gleich lang, bestimmen den Frühlings- und den Herbstanfang im Jahr. Je nachdem, ob es sich um ein Schaltjahr handelt oder nicht, fällt der Frühlingsanfang mal auf den 20. März, mal auf den 21. März. Auch die anderen Jahreszeitenstarts können um einen Tag variieren. Der Sommeranfang fällt auf den Tag der Sommersonnenwende: Der 21. (manchmal auch der 20. oder 22.) Juni ist der längste Tag des Jahres mit der kürzesten Nacht. Nun beginnt zwar offiziell der Sommer, jedoch werden die Tage auch schon wieder kürzer. Der Herbst startet unspektakulär im September und hat meist noch einen wunderschönen warmen, gelben Altweibersommer in petto, bevor er dann seine trüben, nassen Seiten zeigt. Der Winter wiederum findet seinen Beginn am Tag der Wintersonnenwende mit dem kürzesten Tag und der längsten Nacht - mit dem kalendarischen Winterbeginn am 21. Dezember werden die Tage also erfreulicherweise wieder länger.

Über Bauernregeln ...

Der Blick in den Himmel verriet den Menschen schon vor vielen tausend Jahren, was wettertechnisch auf sie zukommt. Was sich dort oben tut, genau im Auge zu behalten, war nicht nur reines Vergnügen, sondern mitunter überlebenswichtig. Tägliche Wettervorhersagen wie heute gab es nicht, gleichzeitig hatte die Wetterlage einen viel größeren Einfluss auf die Menschen als heute. Denn mal eben im nächsten Supermarkt die Lebensmittel holen - Fehlanzeige. Das genaue Beobachten des Wetters war existenziell - war die Ernte erstmal im Eimer, gab es nichts zum Tauschen auf dem nächsten Markt und der heimische Herd blieb lange kalt. An so einigen Bauernregeln ist deshalb meist etwas dran, denn

die Bauern haben den Himmel genau beobachtet und alle Jahre wiederkehrende Wetterlagen erkannt und aufgeschrieben. Entscheidend ist jedoch, woher die Bauernregel stammt - das Wetter in Bayern ist natürlich grundsätzlich anders als an der Nordseeküste.
Im Buch finden Sie deshalb immer wieder sinnvolle und aussagekräftige, aber auch interessante, mitunter sogar amüsante Bauernregeln.

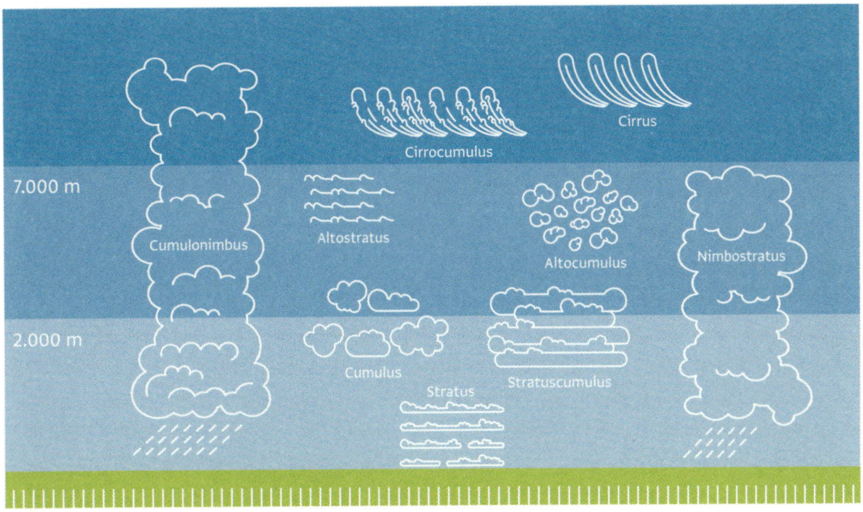

... und die Wolken

Wolken können in Form, Farbe und Ausprägung sehr unterschiedlich aussehen und grundverschiedenes Wetter bringen - um das zu wissen, muss man kein Meteorologe sein. Die Meteorologie unterscheidet grob vier Wolkenarten, die zu jeder Jahreszeit auftreten. Da wären als erstes die hohen Cirruswolken. Sie bestehen komplett aus Eiskristallen und sind in einer Höhe von 8 bis 13 Kilometern zu finden. Außerdem gibt es die mittelhohen Wolken, sie tragen die Vorsilbe „Alto-“ und sind sogenannte Mischwolken. Sie bestehen zum Teil aus Wassertröpfchen, zum Teil aber auch schon aus Eis. Zur dritten Wolkenart gehören die sogenannten tiefen Wolken mit zum Teil tiefhängenden, grauen Wolkendecken, aus denen es nieseln kann und auch schöner anzusehende Cumuluswolken, also niedere Haufenwolken, die auch als Quellwolken bezeichnet werden. Quellwolken versprechen übrigens Aufwind - falls Sie mal mit dem Segelflieger starten möchten. Als letztes haben wir noch Wolken mit großer vertikaler Ausdehnung, dazu zählen wir zum Beispiel Gewitterwolken, deren Wolkenunterkante sehr niedrig liegt, die aber bis zu 10 Kilometer in die Höhe wachsen können. Auch Nebel ist nichts anderes als eine Wolke, nur dass sie auf dem Boden aufliegt. Der Wortteil „Stratus“, beispielsweise bei Altostratus- oder Cirrocstratuswolken, weist auf eine Schichtwolke hin. Für sie ist die Wolkenhöhe entscheidend, die unterschiedliche Effekte auf das Wetter hat. Was kann man nun an den Wolken ablesen? Wir Experten natürlich eine ganze Menge, aber es gibt ein paar recht einfache Regeln, die häufig zutreffen. In den nächsten Kapiteln finden Sie immer wieder Hinweise, um Wolken zu deuten. Für Meteorologen bergen Wolken aber trotz aller Erforschung manchmal auch Geheimnisse, denn hier arbeitet die Wissenschaft allzu oft mit Unbekannten: Eine Wolke verwandelt sich ständig, sie wächst an und verflüchtigt sich wieder. Denn damit sich Wolken bilden, sind viele verschiedene physikalische und voneinander abhängige Prozesse nötig, die sich in Bewegung und Veränderung befinden. Das macht eine punktgenaue Wettervorhersage manchmal recht schwer.

Die Ursprünge unseres Wetters

Woher kommt eigentlich unser Wetter? In der Schule lernt man etwas über das Azorenhoch und das Islandtief, aber was hat es damit genau auf sich?
Schauen wir uns erstmal die Azoren ein bisschen genauer an. So richtiges Hochdruckwetter mit blauem Himmel und Sonnenschein gibt es auf dieser Inselgruppe im Atlantik eher selten. Durch den Ozean und die hohen Berge steht meist eher buntes Aprilwetter auf dem Programm, auch der Wind tobt sich hier gern aus. Wie soll dann die intensiv wechselnde Wetterlage der Azoren der Ursprung des Kaiserwetters in Deutschland sein? So richtig Sinn macht das bisher nicht.
Gehen wir mal einen Schritt zurück und schauen, wie Wetter insgesamt entsteht: Die Sonne ist der Motor für alles. Sie verursacht Wärme, Kälte, Wind, Regen und natürlich auch Sonnenschein. Am Äquator scheint sie das ganze Jahr über und steht hoch über dem Horizont. So erwärmt sie hier zwar nur ein kleines Stück Erde, das dafür aber wirklich warm wird.
An den Polen der Erdkugel wiederum ist ein halbes Jahr lang Polarnacht - es ist kalt und dunkel. In den Sommermonaten scheint hier zwar die Sonne, aber sie steht deutlich flacher am Himmel und muss viel mehr Fläche erwärmen als am Äquator. An den Polen ist es somit kälter als am Äquator.
Nun liebt die Natur aber das Gleichgewicht und mag keine Extreme. Deshalb entstehen Strömungen, die versuchen, die warme Luft zu den Polen zu transportieren und die kalte Luft Richtung Äquator zu schicken. Warme Luft steigt über dem Äquator auf, wird aber durch die Erddrehung abgelenkt, sie gelangt also nicht auf dem direkten Weg zu den Polen. Die Erddrehung verursacht die sogenannte Corioliskraft und die wiederum sorgt dafür, dass auf der Höhe der Azoren die warme Luft vom Äquator nicht weiter nach Norden vorankommt.
Da immer neue warme Luft nachgeliefert wird, steigt hier der Luftdruck und es entsteht ein kräftiges stabiles Hochdruckgebiet: das Azorenhoch. Aber was macht die Luft nun über den Azoren? Ein Teil fließt am Boden weiter

Richtung Nordpol, ein anderer Teil fließt zurück zum Äquator und bildet einen Kreislauf - die Hadley-Zelle. Dieser Kreislauf ist ein wichtiger Motor unseres Wetters auf der Erde, er lässt zum Beispiel die Passatwinde entstehen.
Aber nun zurück zu unserem Azorenhoch. Das kann vor allem im Sommer seine Fühler zu uns ausstrecken und für beständig gutes Wetter in Deutschland sorgen. Allerdings ist das nicht immer ein Segen. Denken Sie nur an den Jahrhundertsommer 2018, der uns nicht nur beständiges Sommerwetter für Sonnenanbeter, sondern auch lange Trockenheit und Dürre brachte. Damit einher gingen Ernteausfälle, Feldbrände und damit letzten Endes auch Preiserhöhungen für die Verbraucher. Auch im Jahr 2003 brachte das Hochdruckgebiet Michaela über Wochen hinweg Temperaturen um die 40 Grad, extreme Hitze und Dürre nach Mitteleuropa.

Schauen wir nun nach Island, wo unsere Tiefs entstehen. Gerade haben wir die Hadley-Zelle kennengelernt. Der andere Teil der Luft des Azorenhochs strömt weiter Richtung Nordpol. Allerdings schafft diese Luft es nur bis etwa zum 60. Breitengrad. Der befindet sich - zur Orientierung - etwas weiter nördlich von Oslo oder St. Petersburg, der nördlichsten Metropole der Welt. Auch Helsinki und Stockholm sind dem 60. Breitengrad nahe. Ab hier bekommt unser Azorenhoch Gegenwind, denn am Nordpol hat sich kalte Polarluft auf den Weg Richtung Süden gemacht. Nun muss die warme Luft aus Süden nach oben ausweichen, dadurch lässt am Boden der Druck nach und eine Tiefdruckzone entsteht. Die aufsteigende Luft kühlt ab, Wasserdampf kondensiert und Wolken bilden sich. Ein Teil der Luft strömt nun zum Pol, die andere zum Äquator. Zwei weitere Kreisläufe sind so entstanden: die Polar- und die Ferrel-Zelle.
Beide sind sehr wichtige Bestandteile unseres Wetters auf der Erde. Unsere hiesigen Tiefs bilden sich weit über dem Atlantik und entstehen da, wo die Zellen sich berühren. Meist ist das über oder bei Island, deshalb sprechen wir von Islandtiefs. Das Islandtief ist kein ortsfestes, beständiges Tiefdruckgebiet, was sich mal mehr, mal weniger ausbreitet wie das Azorenhoch. Nein, Tiefdruckgebiete sind allgemein quirlig und wollen sich bewegen - sie bilden sich, verstärken sich, ziehen weiter, toben sich in Form von Regen und Sturm aus und schwächen

sich wieder ab. Übrigens stimmt das Ammenmärchen nicht, dass es auf Island nur und immer schlechtes Wetter gäbe; allerdings ist es hier tatsächlich häufig sehr windig. Da wir in Mitteleuropa in der Westwindzone liegen, ziehen die Tiefs meist von West nach Ost. Im Sommer bringen Islandtiefs somit bei uns häufig feuchtkühles Wetter, im Winter transportiert das Islandtief für die Jahreszeit eher feuchtkalte Luftmassen zu uns.

Wenn's zwickt, zwackt und auch mal scheppert: Wetterfühligkeit und Wetterempfindlichkeit

Je stärker und schneller sich das Wetter ändert, je intensiver der Luftmassenwechsel vor sich geht, desto mehr reagiert der menschliche Körper auf diese Umschwünge. Atlantische Tiefausläufer beispielsweise sorgen mit ihren Temperatur- und Luftdruckschwankungen für Kopfweh, juckende Narben und Gelenkschmerzen. Besonders Rheumapatienten machen Wetterumschwünge zu schaffen. Bei Föhn-Wetterlagen, die wir meistens aus den Alpen kennen, die aber auch in den Mittelgebirgen auftreten können, werden durch den warmen Fallwind manche Zeitgenossen auch leicht reizbar und unwirsch. Denn das Wetter hat nicht nur Einfluss auf die Leistungsfähigkeit, sondern auch auf die Stimmung. Die Symptome der Wetterfühligkeit sind oft unspezifisch, auch Schlaflosigkeit und Erschöpfung können ihre Ursache hier finden, insgesamt fühlt man sich „nicht ganz auf dem Damm". Bei Menschen mit niedrigem Blutdruck kann schon mal der Kreislauf schlapp machen.
Wetterfühligkeit wirkt sich sogar direkt und messbar auf den Menschen aus: Um bis zu 1 Sekunde erhöht sich die Reaktionszeit bei Föhnwetterlagen. Klingt wenig, macht aber im Straßenverkehr einen deutlichen Unterschied, vor allem bei Tempo 100 auf der Autobahn; das macht bei 1 Sekunde 28 Meter Unterschied aus. Auch wenn ein Gewitter aufzieht, erhöhen sich erwiesenermaßen die Unfallzahlen. Es gibt keine signifikanten Ursachen, die sich medizinisch erklären ließen, warum wir mitunter so auf das Wetter reagieren. Trotzdem besteht ein Zusammenhang beispielsweise zwischen Kopfschmerzen und Wetterumschwüngen. Was hilft, wenn der Körper auf Luftdruckschwankungen reagiert? Finden Sie heraus, auf welche Wetterlagen Sie besonders reagieren und werden Sie präventiv aktiv. Besonders Wetterfühlige sollten auf Alkohol, Nikotin und Medikamente verzichten, regelmäßige Spaziergänge an der Luft und Wechselduschen helfen ebenso. Und auch Gartenarbeit kann hilfreich sein. Vor allem aber sollte man auf eine ausgeglichene, vielseitige Ernährung achten, denn es ist grundsätzlich möglich, über einen angepassten Speisenplan der Wetterfühligkeit gegenzusteuern. Wichtig ist eine ausreichende Nährstoffzufuhr, auch Übergewicht fördert leider Wetterempfindlichkeit.

Frühling

Endlich Frühling!

Besonders zuverlässige Frühlings-Wetterregel:
„Stellt im April sich Regen ein, so hat man keinen Sonnenschein."

Mit dem Frühling ist es jedes Jahr aufs Neue, als hätte man einen Gast nach Hause eingeladen, der sich gerne etwas Zeit lässt. Wenn man dann unruhig wird und bald ganz zappelig auf die Uhr respektive den Kalender schaut, steht er plötzlich in der Tür und tut, als stünde er schon immer dort: Die Tage sind nun eindeutig länger und auch die Sonne hat wieder merklich Kraft. Die ersten Kräuter gucken aus der Erde und die nassen Baumrinden riechen leicht nach Zimt. Das zarte Grün arbeitet sich langsam und beharrlich von unten durch Gras, Sträucher und Büsche nach oben bis zu den Bäumen. Die Natur und auch die Menschen leben spürbar wieder auf. Und plötzlich bemerkt man, dass innerhalb weniger Wochen die gerade noch nackten Bäume vollständig in zartes Grün gekleidet sind, sich im Frühlingswind wiegen und ein bisschen angeben. Die Zugvögel sind zurückgekehrt, der Storch klappert und an jeder Ecke blüht und regt sich was. Allerdings lässt der Frühling vor allem in Jahren auf sich warten, in denen der vorangegangene Winter eher mild ausfiel. Besonders, wenn der Januar und Februar nicht eisig sind und schon die ersten Schneeglöckchen aus dem Boden schauen, die Natur bereits langsam anfängt zu sprießen, sollte man sich auf einen kühlen Frühling einstellen. Dann schlägt oft der sogenannte Märzwinter noch mal richtig zu: Ein heftiger Kaltlufteinbruch im März, der häufig auch mit einer ordentlichen Ladung Schnee bis ins Tiefland verbunden ist, zeigt, was er kann. Vor allem die Obstbauern verfluchen den Märzwinter, denn durch die Fröste verzögert sich die Entwicklung der Frühblüher um etwa zwei Wochen. Ernteeinbußen sind meist die Folge, Preiserhöhungen für die Verbraucher ebenso. Später Frost, der sich bis in den späten April schieben kann, und ein ungewöhnlich warmer März haben erfahrungsgemäß eine schlechte Beeren- und Früchteernte zur Folge. Unter den außergewöhnlichen Wetterbedingungen leiden besonders Kirschen, Schwarze Johannisbeeren, Äpfel und Birnen.

Oft fühlen wir uns nach dem Winter müde und schlapp und kommen einfach nicht so richtig „in die Puschen". Die bekannte, unbeliebte Frühjahrsmüdigkeit setzt ein, wenn Vitamine, vor allem das Sonnen-Vitamin D, über Wochen fehlen und über den Winter zu wenige Elektrolyte wie Kalzium und Natrium durch die Nahrung aufgenommen wurden, wodurch der Körper übersäuert. Die Natur hat es also klug eingerichtet, dass jetzt im Frühjahr so gut wie alle heimischen Frühlingskräuter blutreinigend wirken und voller Vitamine stecken – genau das, was wir jetzt brauchen! Denn auch wenn wir heute die Möglichkeiten haben, um uns den kompletten Winter über mit Obst und Gemüse zu ernähren und das

Immunsystem stark zu halten, so werden doch diese Früchte mit Chemikalien haltbar gemacht, die sich im Körper ablagern können. Entgiften ist also angesagt, mit blutreinigenden Aufgüssen und Tees aus der heimischen Kräuterküche. Eine basische Ernährung und Fasten sind ebenfalls sehr beliebt, um wieder in Schwung zu kommen - nicht umsonst liegen in vielen Religionen die Fastenzeiten im Frühling.

Energie liegt in der Luft

Morgen verabschieden sich die Eisheiligen.
Es wäre toll, wenn sie die Scheinheiligen gleich mitnehmen würden.

Für Meteorologen beginnt der Frühling wie gesagt bereits am 1. März. Die meisten Menschen sehen es aber wie die Astronomen und nehmen die Tag- und Nachtgleiche (20. oder 21. März eines Jahres) zum Anlass, den Frühling auszurufen. Der Frühling ist für viele die Jahreszeit, die man wohl am deutlichsten wahrnimmt, vielleicht liegt es daran, dass man sich nach den häufig langen und oft tristen Wintermonaten ganz besonders an der Helligkeit, wärmeren Wetterlagen und der wieder erwachenden Natur erfreut. Letztere inspirierte Poeten, den Lenz auch auf unser menschliches Verhalten zu übertragen. Und in der Tat werden im Frühling die Menschen wieder kontaktfreudiger und aktiver. Die zunehmende Taghelle heitert die Stimmung nach dunklen Monaten auf und natürlich sind die Temperaturen ganz wichtig: In der Natur kann man täglich neue Entdeckungen anstellen. Überall grünt und blüht es, und schon drei Wochen, nachdem die ersten Büsche schüchtern zartes Grün entwickelten, steht die Welt in voller Blüte und tut so, als wäre es nie anders gewesen.
Der Zeit voraus sind schon weit über einhundert Jahre lang die Eisenacher. Sie feiern alljährlich bereits drei Wochen vor dem Osterfest den sogenannten Sommergewinn mit einem Festumzug. Im Streitgespräch zwischen dem Winter und Frau Sunna unterliegt natürlich immer der Winter und wird symbolisch als Strohpuppe verbrannt. Oft wird das Spektakel noch bei kaltem und eher winterlichem Wetter durchgeführt. Die Freude auf den Frühling ist aber bereits unverkennbar bei allen zu sehen. Die Tatsache, dass das Fest nicht Frühlings-, sondern Sommergewinn heißt, beweist, dass es sich um ein sehr altes Ritual handelt: Zur Zeit der ersten Prozession zur symbolischen Winteraustreibung um das Jahr 1286 sprach man nämlich nur von zwei Jahreszeiten.

Die Frühlingskräuterküche

Die Freude über die erwachende Natur setzt sich bis auf unsere Teller fort. Kräuter sind jetzt besonders aromatisch und würzig und bestimmen vorrangig die Frühlingsküche. Den „Startschuss“ liefert der Bärlauch. Die ersten grünen Spitzen bohren sich meist schon durch die noch vorhandene Schneedecke und sind ein Zeichen für die enorme Kraft, die uns der Frühling liefert. Lange muss man nun nicht mehr warten, bis der Wald einen ersten grün-flauschigen und nach Knoblauch duftenden Teppich besitzt. Das sind spannende Bärlauch-Wochen in der Küche, denn er kann sehr vielseitig verwendet werden. Gut verschlossene

Gläschen mit Bärlauch-Pesto im Kühlschrank aufbewahrt, erinnern an diesen aromatischen Frühlingskracher sogar noch, wenn seine Saison in der Natur längst vorbei ist.
Und daneben sollte man die Küchenkräuter aus dem Garten, eines interessanter als das andere, nicht vergessen. Sie bescheren uns bis in den Herbst hinein wahre Geschmacksexplosionen. Ihr Frühlingsaroma ist jedoch unübertrefflich intensiv. Die meisten Kräuter verlieren übrigens enorm an Würzkraft, wenn sie erst mal mit dem Blühen beginnen. Deshalb sollte man sie möglichst regelmäßig ernten oder auch zurückschneiden. Neben Dill ist natürlich die Petersilie ein heimischer Klassiker, der in jedes Kräuterbeet gehört. Zum Würzen verwende ich hauptsächlich die aromatischere glattblättrige Petersilie, zum Garnieren lieber die krause, die auch dem Überziehen mit Aspik standhält. Übrigens: Wer am Ende der Dillsaison einige Pflanzen noch nicht verbraucht hat, kann diese abschneiden und trocknen. Getrocknete Dillstängel sind sehr aromatisch. Wie auch Lorbeerblätter oder Kümmel aromatisieren getrocknete Dillstängel im Kartoffelwasser die beliebten Knollen schon während des Kochens.
Zum Garnieren meiner Speisen verwende ich jedoch auch sehr gerne die essbaren Blüten einiger Küchenkräuter, die dazu auch noch gut schmecken: z.B. die Blüten von Schnittlauch, Borretsch, Kapuzinerkresse und Salbei.
Genauso unverzichtbar sind auch Waldmeister für die legendäre Maibowle, Liebstöckel für klare Suppen und frische Salate, Brühen und Saucen, oder der wieder sehr in Mode gekommene Sauerampfer. Ganz zu schweigen von den allseits beliebten Klassikern Thymian, Oregano und Rosmarin, die wie in den Mittelmeerländern auch in heimischen Gärten mit zum Standard gehören.
Im Gemüsegarten entfacht die erstarkende Sonne im Frühling einen wahren Wachstumsschub. Eines der ersten erntebereiten Gemüse ist der Blattspinat. Wenn der Winter nicht gar so streng war, bietet sogar der überwinterte Mangold ganz zeitig seine ersten Blätter an. Und nun dürfen wir keinesfalls den König des Frühlingsgemüses, den Spargel, vergessen. Findige Spargelbauern locken ihn je nach Wetterlage mit allerlei Tricks immer zeitiger aus dem Spargeldamm. Auch wenn bereits am Johannistag (24. Juni) Schluss mit dem Spargel-Stechen ist, satte zwei Monate bestimmen die köstlichen weißen oder grünen Spargelstangen die Frühlingsgemüse-Landschaft.
Wer Giersch einmal im Garten hat, bekommt ihn wegen seines gigantischen Wurzelsystems selten wieder los. Das muss auch gar nicht sein, wenn man ihn nur halbwegs unter Kontrolle hält. Wenn man ihn vom Unkraut zum Nutzkraut umfunktioniert, kann man als Gärtner sogar Sympathie für ihn entwickeln. Man muss die Giersch-Eigenschaften nur in der Küche entdecken. Sein Geschmack ist nämlich gar nicht so uninteressant und erinnert ein wenig an Petersilie oder auch an Karotten. Eigentlich kann man ihn ähnlich wie die Brennnessel verwenden. Die dreizackigen Blätter zählen zu den ersten zuverlässigen und vor Kraft strotzenden Frühlingsboten und sind dann auch am schmackhaftesten!

Spargelstangen in Bärlauch-Crêpes mit einer Tomaten-Frühlingszwiebel-Vinaigrette

4 Portionen

600 g grüner Stangenspargel
1 TL frisch gepresster Zitronensaft
Salz, Pfeffer

BÄRLAUCH-CRÊPES
1 kleines Bund Bärlauch
150 ml Vollmilch
1 Ei
1 Eigelb
80 g Weizenmehl
30 g frische Butter
80 g Butterschmalz

VINAIGRETTE
100 g gehäutete und vom Kerngehäuse befreite Tomaten
2 Lauchzwiebeln
2 EL weißer Balsamicoessig
1 TL frisch gepresster Zitronensaft
1 Prise Zucker
Salz, Pfeffer
80 ml natives Olivenöl

Bärlauch putzen und waschen, 4 Blätter zur Garnitur aufheben. Den restlichen Bärlauch in feine Streifen schneiden und im Mixaufsatz mit der Milch fein pürieren. Die Bärlauchmilch mit dem Ei, dem Eigelb und dem Mehl gründlich zu einem glatten Teig verrühren. Teig leicht salzen und zum Schluss die geschmolzene Butter unterrühren. Den Crêpes-Teig etwa 30 Minuten ruhen lassen.
In der Zwischenzeit die Spargelstangen schälen und von eventuell holzigen Enden befreien. Den Spargel möglichst im Dampf leicht bissfest garen und danach abkühlen lassen. Dann mit Pfeffer, Salz und etwas frisch gepresstem Zitronensaft leicht würzen.
Das gehäutete und vom Kerngehäuse befreite Tomatenfleisch fein würfeln. Die geputzten und gewaschenen Lauchzwiebeln einmal längs teilen und in ganz feine Streifen schneiden. Nun den Balsamicoessig mit etwas Spargelkochwasser verrühren, mit Salz, Pfeffer und einer Prise Zucker würzen. In dünnem Strahl das Olivenöl unterrühren, sodass eine cremige Vinaigrette entsteht. Kurz vor dem Anrichten die Tomatenwürfel und Frühlingszwiebelstreifen hineingeben.
In einer beschichteten Pfanne Butterschmalz erhitzen und darin aus dem Teig 8 dünne Crêpes ausbacken. In jedes der 8 Crêpes die gleiche Menge gegarte Spargelstangen hüllen.
Die Crêpes-Röllchen jeweils einmal halbieren und gefällig auf den Tellern anrichten, mit der fertigen Vinaigrette saucieren und je ein Bärlauchblatt zur Garnitur anlegen. Dazu passt knuspriges Baguette.

Tipp für Sammler vom Bärlauch

Die Vegetationszeit von Bärlauch und Maiglöckchen vor der Blüte kann sich je nach Wettersituation etwas überschneiden. Man sollte sich deshalb beim Sammeln gut auskennen, denn im Gegensatz zum köstlichen und wertvollen Bärlauch verursacht der Verzehr von Maiglöckchenblättern Übelkeit, Erbrechen und im Extremfall Herzrhythmusstörungen. Bärlauchblätter kommen jeweils an einem eigenen Stiel aus der Erde und sind bis zum unteren Ende matt. Im Gegensatz dazu kommen die Maiglöckchenblätter immer im Verbund zu zweit aus der Erde und glänzen an der Unterseite. Wer nicht ganz sicher ist, kauft seinen Bärlauch am besten beim Händler!

Frühlingseintopf

für 3 bis 4 Personen

500 g Kohlrabi
3 Möhren
3–4 Kartoffeln
1 Zwiebel
65 g durchwachsener Räucherspeck
1 l Gemüsebrühe
2 Eigelb
2 EL Sahne
½ Bund Petersilie
Salz, Pfeffer

Kohlrabi schälen und in Streifen schneiden, das zarte Blattgrün aufheben. Möhren und Kartoffeln schälen und in Scheiben schneiden. Die Zwiebel schälen und wie den Speck in kleine Würfel schneiden. In einem großen Topf Speck- und Zwiebelwürfel ohne Fett andünsten. Das Gemüse zugeben und die Gemüsebrühe angießen. Etwa 25 Minuten köcheln lassen und mit den Gewürzen abschmecken. Eigelb und Sahne verquirlen und die Suppe damit legieren. Kohlrabiblättchen und Petersilie hacken und darüber streuen.

Übrigens *Dieses Rezept eignet sich hervorragend zum Abwandeln – der Kreativität sind keine Grenzen gesetzt. Sie können diesen Eintopf mit jedem Frühlingsgemüse bunter machen und mit Frühlingskräutern würzen.*

Isländischer Honiglachs auf Blattspinat mit karamellisierten Kartöffelchen

4 Portionen

4 Lachsfilets à ca. 120 g
2 EL frisch gepresster Zitronensaft
bunter Pfeffer
40 g Butterschmalz
400 g Blattspinat
50 g Butter
Salz
geriebene Muskatnuss
4 TL Honig
1 EL Olivenöl
4 TL Pesto

KARAMELLISIERTE KARTÖFFELCHEN
500 g möglichst kleine Kartoffeln
30 g Butter
60 g Zucker

Die Kartoffeln ungeschält kochen und abkühlen lassen. Dann pellen. Das gesäuberte Lachsfilet mit 1 EL Zitronensaft und buntem Pfeffer marinieren und im heißen Butterschmalz von allen Seiten gut anbraten. Den blanchierten Spinat mit Salz, Pfeffer, geriebener Muskatnuss und ebenfalls 1 EL Zitronensaft würzen und in etwas zerlassener Butter anschwenken. Den Honig mit dem Olivenöl verrühren. Die Lachsfilets mehrfach mit dem Honig-Öl-Gemisch bestreichen und unter dem Backofengrill kurz gratinieren. Zum Schluss das Pesto darüber streichen. Nochmals mit etwas buntem Pfeffer bestreuen und auf dem Blattspinat anrichten.

Für die Kartöffelchen den Zucker in einer Pfanne verteilen und unter kräftiger Hitze und ständigem Rühren karamellisieren lassen. Dann die Hitze reduzieren und die Butter hinzufügen. Einige Spritzer Wasser dazu, darin die Kartöffelchen schwenken und rundum glasieren.

Tipp *Den Blattspinat möglichst im Dampf blanchieren. Wer keinen Dampfgarer besitzt, hat vielleicht einen Kartoffel-Dämpfeinsatz, auf dem der Spinat kurz blanchiert werden kann.*

Wetteranzeiger-Pflanzen

Wenige Themen beschäftigen die Menschen so intensiv und wiederkehrend wie das Wetter. Wird es ein sonniger Tag oder droht Regen? Können wir am Wochenende grillen oder einen Ausflug planen? Manchmal muss man für die richtige Vorhersage nicht mal den Fernseher oder das Radio anschalten. Ein aufmerksamer Blick auf Mutter Natur bietet einige beachtenswerte Hinweise, denn sogenannte Wetteranzeiger-Pflanzen sagen uns rechtzeitig, ob das Wetter schön wird oder regnerisch.

Eine davon ist der **Waldmeister**, den wir aus der Maibowle kennen, als Eis oder im Wackelpudding. Die beliebte Pflanze, ein Bodendecker, blüht von Ende April bis Juni und duftet besonders stark, wenn sich schlechtes Wetter zu uns auf den Weg macht. Waldmeister gedeiht am besten auf lehmigem Boden und mag es schattig. Auch **Birken** und **Lindenblüten** verbreiten einen extremen Geruch, wenn sich Regen ankündigt.

Der **Sauerklee** ist als Unkraut bekannt, aber auch er kann uns Auskunft über das Wetter geben. Zum einen lässt er seinen Kopf hängen, wenn Regen droht. Und er spannt sich seinen eigenen Regenschirm auf: Sauerklee stellt seine Blattstiele bei den ersten Tropfen aufrecht und faltet die Blätter, sodass die Blüten nicht zu viel Wasser abbekommen – eine wirklich schlaue Pflanze, die sehr anspruchslos ist und fast überall wächst.

Was ist Tau?

Siehst du Nebel auf Seen und Auen, kannst du getrost auf Schön-Wetter bauen.

Wie habe ich es als Kind genossen: Die ersten milden Tage im Frühling, wir durften ein Kleidchen anziehen mit Kniestrümpfen und Sandalen, und hinaus hüpfen in die erwachende Natur - über den Klamottengeschmack lässt sich aus heutiger Sicht freilich streiten. Wenn man dann morgens über eine Wiese lief, bekam man nasse Socken.

Tau, der im ersten Sonnenschein blitzt, ist nichts anderes als Wasserdampf, der an kalten Gegenständen, dazu gehören auch Grashalme, wieder flüssig wird. Kalte Luft kann nicht so viel Wasserdampf aufnehmen wie warme Luft und somit wird aus dem Gas eine Flüssigkeit, Wasserdampf kondensiert. Tau kann theoretisch in jeder Jahreszeit auftreten, in den warmen Monaten trocknen die Wiesen durch die Sonneneinstrahlung im Tagesverlauf wieder, das Wasser der Tautropfen verdunstet. An bewölkten Tagen bildet sich übrigens selten Tau: Die Wolken wirken wie eine Art Mantel, sie schützen vorm Auskühlen.

Weimarer Zwiebelsalat mit gebratenen Lammwürstchen und Bauernbrot

4 Portionen

je 150 g rote und weiße Gemüsezwiebeln
2 EL weißer Balsamico
1 Bund Dill
Salz, weißer Pfeffer
1 Prise Zucker
2 EL Speiseöl
12 Lammwürstchen á 40 g
50 ml Lammfond

Die Zwiebeln in Streifen schneiden, nach Farbe getrennt kurz blanchieren und daraus zwei Salate nach gleicher Rezeptur, aber getrennter Zwiebelfarbe herstellen: Die Zwiebelstreifen jeweils mit Salz, Essig, Zucker, weißem Pfeffer und gehacktem Dill würzen, zum Schluss je ½ EL Öl zugeben. In 1 EL Öl die Lammwürstchen vorsichtig braten. Mit etwas Lammfond überziehen. Dazu schmeckt frisches Bauernbrot.

Tipp *Wenn Lammwürstchen nicht beschaffbar sein sollten, kann man alternativ auch einfach kleine Bratwürstchen von Schwein oder Kalb verwenden.*

Auch im Gemüsegarten gibt es gute und weniger gute Partnerschaften

Alltäglicher Regen ist ungelegen; zuweilen ein Regen ist ein Segen.

Hinlänglich bekannt ist die Tatsache, dass Tomaten- und Gurkenpflanzen wegen ihrer sehr unterschiedlichen Ansprüche nicht im Gewächshaus zusammenpassen. Es gibt aber auch besonders günstige Partnerschaften im Gemüsegarten. Dazu gehören zum Beispiel die Gurken und der Borretsch. Kein Wunder also, dass Borretsch auch Gurkenkraut genannt wird. Damit hat es Folgendes auf sich: Gurken, aber auch Zucchini oder Kürbis, sind Flachwurzler und mögen die Hacke des Gärtners überhaupt nicht. Um die Erde trotzdem locker zu halten, kommt hier Borretsch zum Einsatz. Zudem fördert er den Blütenansatz und zieht mit seinen dekorativen kleinen Blüten Insekten an, die für das Befruchten der Gurkenblüten so wichtig sind. Borretschblüten nehme ich sehr gerne zum Garnieren von Speisen.

Sellerie und Kohlrabi haben sehr ähnliche Kulturansprüche und der selbst für uns Menschen sehr deutlich wahrnehmbare Selleriegeruch verärgert die feinen Empfindungen der Kohlfliegen, eine wunderbare Win-win-Partnerschaft für Pflanzen und Gärtner.

Der sehr filigrane Möhrensamen wird meist viel zu dick in die Saatrille eingebracht. Seit vielen Jahren mische ich deshalb den Möhrensamen mit den deutlich größeren Körnern vom Radieschen-Saatgut. Während die Möhrensaat erst nach mehreren Wochen aufgeht, sind die Radieschen schon nach wenigen Tagen zu sehen. Werden die schnell wachsenden Radieschen herausgezogen, haben die Möhren ausreichend Platz, um zu stattlichen Exemplaren heranzuwachsen.

Stehen Tomatenpflanzen an einem so geschützten Platz, dass sich auch das überaus empfindliche Basilikum in unmittelbarer Nähe der Tomate wohlfühlt, dann kann man feststellen, dass die geernteten Tomaten deutlich aromatischer schmecken als ohne ihren Nachbarn. Das Küchenkraut bedankt sich mit üppiger Blattmasse, was wiederum den Gärtner und auch den Koch erfreut. Die zauberhafte Erfolgsgeschichte der Partnerschaft geht auf dem Teller weiter - was ist schon Tomate mit Mozzarella ohne frisches Basilikum?

Süppchen vom Frühlingskohlrabi mit Bärlauch und Baguette mit Bärlauchpesto

Butterschmalz in einem passenden Topf erhitzen und darin die feinwürflig geschnittenen Schalotten glasig schwitzen. In der Zwischenzeit den geschälten Kohlrabi und die geschälten mehligen Kartoffeln ebenfalls in nicht zu grobe Würfel schneiden und zu den angeschwitzten Schalotten geben. Diese etwa 2 bis 3 Minuten mit schwitzen und mit Pfeffer, Salz und geriebener Muskatnuss würzen. Nun die kräftige Gemüsebrühe zugeben und das Ganze zugedeckt bei reduzierter Hitze etwa 15 bis 20 Minuten gar kochen.
Bevor die Suppe püriert wird, die geschälten, in Würfel geschnittenen festkochenden Kartoffeln im Dampf etwa 6 Minuten halbgar kochen. Sie kommen, wie auch die geputzte und in feine Würfel geschnittene rote Paprikaschote, kurz vor dem Servieren in die Suppe. Ganz zum Schluss die in sehr feine Streifen geschnittenen Bärlauchblätter und die Küchensahne dazugeben. Nochmals abschmecken und sofort servieren.
Das Bärlauchpesto kann man auf Vorrat zubereiten. So braucht man es bei Bedarf nur noch auf die Baguettescheiben streichen, die separat zur Suppe gereicht werden. Für das Bärlauchpesto den gründlich gewaschenen und gut trocken getupften Bärlauch in Streifen schneiden. Die Pinienkerne in einer trockenen Pfanne goldbraun rösten, damit sie ihr Aroma besser entfalten. Nun in einen Pürierbecher das Olivenöl, die Bärlauchstreifen, die Pinienkerne und die gepellte und gehackte Knoblauchzehe geben und mit dem Pürierstab fein pürieren. Zum Schluss den geriebenen Parmesankäse zugeben und mit Salz und Pfeffer kräftig abschmecken.

4 Portionen

FÜR DIE SUPPE
50 g Butterschmalz
80 g gepellte Schalotten
400 g Kohlrabi
100 g mehlig kochende Kartoffeln
Salz, Pfeffer
geriebene Muskatnuss
0,7 l Gemüsebrühe
80 g festkochende Kartoffeln
1 rote Paprikaschote
40 g Bärlauchblätter
100 ml Küchensahne

FÜR DAS BÄRLAUCHBAGUETTE
4 Scheiben Baguette
40 g Bärlauch
20 g Pinienkerne
40 g geriebener Parmesankäse
1 kleine Knoblauchzehe
80 ml Olivenöl
Salz, Pfeffer aus der Mühle

Smoothie für jedes Wetter

für 4 Gläser à 200 ml

250 g geschälte Bananen
100 g Babyspinat
200 g Blaubeeren (frisch oder TK) plus einige Beeren zum Garnieren
2 TL Chia-Samen
20 g geschälte Ingwerwurzel
400 ml Wasser

Bananen in Stücke schneiden, Spinat waschen und abtropfen lassen. Alles zusammen mit den übrigen Zutaten in den Mixer geben und zu einer cremigen Masse pürieren. Ist die Masse noch zu dickflüssig, etwas Wasser zufügen und nochmals durchmixen. Dann in vier Gläser abfüllen und mit Blaubeeren bestreuen.

Übrigens *Grüne Smoothies kann man ganz einfach nach folgender Faustregel selbst zubereiten: 50 Prozent Blattgrün plus 50 Prozent reife Obst- und Gemüsefrüchte plus etwas Wasser (vorzugsweise stilles Mineralwasser) in einem Hochleistungsmixer pürieren.*

Moderne Smoothies sind frische Mixgetränke, die sich wunderbar zuhause vorbereiten und bequem mitnehmen lassen – eine köstliche Ergänzung oder sogar Ersatz für eine schnelle Mahlzeit zwischendurch.

Kleine Wolkenkunde für den Frühling

Cirrocumulus – Schäfchenwolken

Cirrocumulus heißen kleine oder hohe Schäfchenwolken im Fachjargon, wobei der Wortteil Cirro- für Locke oder Feder steht, der Wortteil -cumulus für Anhäufung oder auch Sammlung. Schäfchenwolken sehen aus, als hätte ein fedriger Pinsel etwas weiße Farbe auf einen blauen Hintergrund gewischt und noch mal nachgetupft. Sie bestehen aus sehr feinen Eiskristallen, daher der zarte Eindruck von ihnen, den wir von hier unten aus haben. Abhängig von den Temperaturen in der Troposphäre befinden sich die Schäfchenwolken in einer Höhe von 8 bis 13 Kilometern. Vor allem im Sommer sind sie schön anzuschauen, am besten auf einer Wiese liegend mit einem Grashalm im Mund.
Die Schäfchenwolke zählt zu den Cirruswolken und hat vier andere Eiswolken als Geschwister. Sie alle entstehen ab minus 40 Grad und verdecken die Sonne nicht. Es handelt sich bei ihnen nicht um Regenwolken, jedoch kündigen sie letztere oft an, wenn sie sich mehr und mehr verdichten. Sie liegen locker, leicht und weiß am Himmel und leisten der Sonne Gesellschaft. Gibt es lockere Schäfchenwolken am Himmel, die aussehen wie eine Herde plüschiger Schafe, die aber nicht dichter im Laufe des Tages werden oder sich mehr und mehr auftürmen, sondern einfach am Himmel grasen, dann können Sie von beständigem schönen Wetter ausgehen. Dazu gibt es sogar eine Bauernregel: „Je weißer die Schäfchen am Himmel gehen, desto länger bleibt das Wetter schön."

Startschuss für die Pollensaison

So schön der Frühling für die meisten ist, so sehr sich jeder drauf freut und jede Menge Frühlingsgefühle aufkommen, der ein oder andere leidet auch ganz ordentlich in dieser Zeit und braucht Unmengen Taschentücher. Die Rede ist von den Allergikern. Wenn die Bäume anfangen zu blühen, fangen die Nasen wieder an zu laufen. Vor allem Birke, Haselnuss, Erle und Esche sind im Frühling sehr aggressiv und verursachen teils starke Beschwerden. In manchen milden Wintermonaten setzt die Haselblüte sogar schon im Januar oder Februar ein. Die Birke blüht in der Zeit von März bis Juni.
Als Hausmittelchen steht Honig hoch im Kurs: Man sollte in der Pollensaison täglich drei bis vier Teelöffel zu sich nehmen. Apfelessig soll viele wertvolle Vitalstoffe enthalten, die das Immunsystem stärken und den Heuschnupfen schwächer ausfallen lassen. Auch ein Brennnesselaufguss soll die Beschwerden wie Juckreiz, Husten und verstopfte Atemwege lindern.
Allgemein ist die Ernährung in dieser Zeit enorm wichtig: Viele Vitamine in Form von Rohkost, Knoblauch, zinkhaltige Lebensmittel und allgemein mehr Obst und Gemüse statt Fleisch und Fisch sollten auf den Tisch kommen. Übrigens: Neuen Studien zufolge mindert der regelmäßige Verzehr alter Apfelsorten wie Eifeler Rambur, Alkmene, Boskoop, Jonathan oder auch die Sorte Goldparmäne Gravensteiner die Auswirkungen von Pollenallergien und reduziert die Beschwerden. Die alten Apfelsorten bekommen Sie freilich nur selten im Supermarkt, doch auf dem Wochenmarkt, direkt beim Bauern oder im Bio-Laden werden Sie sicher fündig.

Grüne Multitalente

Brennnesseln entpuppen sich als Alleskönner

Wärmebedürftige Pflanzen wie Tomaten, Auberginen oder auch Gurken bedanken sich mit schnellem Anwurzeln und schneller Pflanzenentwicklung, wenn man in die Pflanzmulde einige Brennnesselblätter hinein gibt, die man vorher etwas zusammendrückt und anfeuchtet. Beim Verrotten rund um den Wurzelballen der Pflanze entwickeln sie Wärme, die die Pflanzen in unseren Breiten im Mai und im Juni mitunter noch nicht von der Sonne bekommen.
Brennnesseln mit Regenwasser angesetzt, ergeben nach etwa zwei Wochen abgeseiht einen perfekten Naturdünger. Dafür benötigen Sie ein verschließbares, nichtmetallisches Gefäß. Befüllen Sie es zu etwa ¾ mit Brennnesseln und geben Sie so viel Wasser hinzu, dass die Pflanzen bedeckt sind. Diesen Sud lassen Sie rund zwei Wochen stehen, gern an einem der hinteren Plätze im Garten, denn der Sud riecht streng. Ist er aber erst einmal fertig, können Sie Ihre Nutzpflanzen mit der im Verhältnis 1:10 verdünnten Brennnesselbrühe gießen. Dabei stellt

sich gleich noch ein zusätzlicher, positiver Effekt ein, denn allerlei Schädlinge wie zum Beispiel Blattläuse mögen die Brühe überhaupt nicht und so kann die Behandlung auch gleichzeitig noch zur Schädlingsbekämpfung genutzt werden.
Im Frühling hilft die Brennnessel beim „Entgiften" unseres Körpers. Die langen Wintermonate und die oft damit verbundene Bewegungsarmut führten in unserem Körper zur Einlagerung von Schlackenstoffen. Die Brennnessel hat wie alle Kräuter gerade im Frühling das höchste Potential an Inhalts- und Geschmacksstoffen. In der Küche kann man sie vielseitig in Salaten, als Blattgemüse, auch in Kombination z.B. mit Spinat, zur Herstellung von Pesto, für Suppen, Kräuterbutter und auf vielerlei andere Art verwenden. Das unangenehme Brennen der Nesselhaare kann man mit einem kleinen Trick ausschalten: Die gewaschenen Brennnesselblätter legt man zwischen zwei saubere Geschirrtücher und mit dem Nudelholz rollt man einige Male darüber, als würde man einen Teig ausrollen. Weg sind die Plagegeister!

Der Knoblauch ist die Gesundheitspolizei für Mensch und Garten

Der Knoblauch ist bei uns Menschen recht beliebt, und zwar nicht nur dank seiner positiven Wirkung auf die Gesundheit. Viele schätzen auch seinen Geschmack, der bei richtiger Dosierung und Verarbeitung gar nicht wie oft behauptet aufdringlich ist. Da Knoblauch winterhart ist, sollte man die Knoblauchzehen möglichst im Herbst stecken. Hat man dies im Herbst verpasst und möchte es deshalb im Frühling nachholen, sollte man schon frostfreie Tage im Februar dazu nutzen. Knoblauch ist beim Gärtner mindestens so beliebt wie beim Koch, denn die Knolle vergrault mit ihrem Geruch so manchen Schädling: Fliegen, Läuse und auch Spinnen suchen das Weite und bleiben des Gärtners Nutzpflanzen weitestgehend fern.

Sauerampfer ist Superfood pur

Die Eisheiligen (11.–15. Mai), auch Eismänner im Mai genannt, sind die Tage, an denen es häufig nochmal zu Nachtfrösten kommt. Ab Anfang Mai sind in Mitteleuropa die Temperaturen meist schon recht hoch, aber es kann doch vorkommen, dass kalte Polarluft zu uns strömt und zu Bodenfrost führt. Das zerstört so manche Saat und bekommt einigen Pflanzen nicht, wie zum Beispiel dem Basilikum. Deshalb empfindliche Pflanzen erst ab Mitte Mai in den Boden oder nach draußen setzen.
Weniger kälteempfindlich ist der heimische Sauerampfer. Zwar kommt er wild wachsend in der Natur nur noch recht selten vor, aber man kann ihn im Garten kultivieren. Die Blätter sind vom Frühjahr bis in den Juli reif zum Pflücken. Sauerampfer benötigt eine ausreichende Befeuchtung. Die sich immer wieder bildenden Samenstängel sollte man entfernen, damit die Blattproduktion angeregt wird.

Für Salate und Suppen ist dieses Blattgemüse ganz wunderbar geeignet. Bei Verwendung in der warmen Küche sollten die zarten Blätter möglichst nur kurz der Hitze ausgesetzt werden. So bleiben Vitamine und Mineralstoffe am besten erhalten. Besonders gerne verwende ich für Salate oder auch zum Garnieren den Hain- oder auch Blutampfer. Er ist etwas milder durch den geringeren Säuregehalt und wirkt durch die roten Blattadern sehr dekorativ.

Sauerampfer-Süppchen

4 Portionen

3 EL Sonnenblumen- oder Rapsöl
1 gepellte, mittelgroße Zwiebel
50 g mehlig kochende geschälte Kartoffeln
100 g geputzter Knollensellerie
100 g geputzter Porree
1 Bund Sauerampfer (ca. 125 g)
¾ l Gemüsebrühe
Kräutersalz
1 TL frisch gepresster Zitronensaft
100 ml Schlagsahne

Im erhitzten Öl die in Würfel geschnittene Zwiebel glasig dünsten und danach die in grobe Würfel geschnittenen Kartoffeln, Sellerie und den in Ringe geschnittenen Porree andünsten. Vom Sauerampfer die dicken Stiele in Stücke schneiden und ebenfalls zugeben. Nun die Gemüsebrühe dazugeben und zugedeckt das Gemüse etwa 10 bis 12 Minuten garen.
In der Zwischenzeit die Sauerampferblätter in sehr feine Streifen schneiden. Etwa ⅘ davon in die heiße, pürierte Suppe geben. Den Rest beim Anrichten obenauf streuen. Die Suppe mit Kräutersalz und Zitronensaft abschmecken. Die Sahne halbsteif schlagen und kurz vor dem Anrichten unterheben.

Tipp *Etwas gehaltvoller wird die Suppe mit Fleischklößchen oder Schinkenwürfeln.*

Übrigens *Der botanische Name Rumex acetosa für den Sauerampfer kommt vom lateinischen „acetum" für Essig und verweist auf den sauren Geschmack. Sauerampfer hatte schon immer in der Küche einen hohen Stellenwert. Undenkbar sind so zum Beispiel die berühmte Frankfurter „Grüne Soße" oder die legendäre Gründonnerstagsuppe ohne das Wildkraut Sauerampfer.*

Maipilze in Estragon-Rahm

4 Portionen

500 g Maipilze oder andere Waldpilze
30 g Butter
30 g Erdnussöl
80 g Schalotten, geschält
80 ml Küchensahne
Estragon nach Geschmack
Salz, weißer Pfeffer

Die geputzten Maipilze in nicht zu dünne Scheiben schneiden. Die Butter mit dem Öl in einer Pfanne erhitzen. Darin die fein gewürfelten Schalotten glasig schwitzen. Nun die geschnittenen Pilze dazugeben. Mit Salz und weißem Pfeffer nach Geschmack würzen. Die sich bildende Flüssigkeit einkochen lassen, dann die Sahne zugeben und zum Schluss den fein geschnittenen Estragon. Wenn die Konsistenz schön cremig ist, können die Pilze serviert werden.

Maipilze schmecken mit frischem Baguette genauso gut wie mit kleinen Petersilien-Kartöffelchen und in der Sesamkruste gebratenen Schweinemedaillons.
Die Schweinemedaillons dafür leicht plattieren, mit Salz und Pfeffer würzen, in Mehl wenden, durch geschlagenes, mit etwas Wasser verrührtes Ei ziehen. Dann in einer Mischung aus ⅔ feinem Semmelmehl und ⅓ trocken gerösteten, geschälten Sesamkörnern panieren. Die Medaillons bei milder Hitze in Sonnenblumenöl braten.

Übrigens *Maipilze gehören zu den ersten Pilzen im Frühling, sie werden auch Georgsritterlinge genannt. Am 23. April ist Georgstag und bei normalem Wetterverlauf darf man um diesen Tag herum mit den ersten Exemplaren dieser Pilze rechnen. Sie sind meist über viele Jahre standorttreu und wachsen in sogenannten „Hexenringen" in Laub- und Nadelwäldern, aber auch an grasigen und krautigen Stellen außerhalb des Waldes.*

Was ist eigentlich ein Sonnenwendbuschen?

Unser gewaltiger Energielieferant Sonne, der nicht nur symbolisch, sondern auch im wahrsten Sinne des Wortes alles in den Schatten stellen kann, steht mit dem 21. Juni im Zenit. Um diesen Tag herum liefert uns die Sonne ihre größtmögliche Kraft. Bewusst oder auch unbewusst registrieren das alle Lebewesen und tanken diese Energie in vollen Zügen. Ganz deutlich spüren wir dieses Phänomen auch bei unseren Heilkräutern. Schafgarbe, Beifuß, Kamille, Johanniskraut und Co. erreichen jetzt ihren Höhepunkt an Würzkraft und an Inhaltsstoffen. Das Wissen um die Kraft der Sonne und ihre Wirkung treibt die Menschen deshalb um die Tage der Sonnenwende herum in die Wiesen, Felder und Wälder. Dort sammeln sie die Kräuter, die nun vor Kraft nur so strotzen und trocknen sie im Anschluss für den Rest des Jahres als Lebenselixier und zur Behandlung von Krankheiten. Nach einem heidnischen Brauch, der sich bis in die heutige Zeit bewahrt hat, werden in einigen Regionen Heilkräuter mit dieser aufgenommenen und gespeicherten Energie der Sonne zu Sträußen gebunden. Diese werden auch Sonnenwendbuschen genannt. Kocht man in der sonnenarmen und kalten Zeit des Jahres oder zur Behandlung von „Zipperlein" daraus einen Tee oder hängt sie beim Räuchern in die Räucherkammer, dann kann man quasi etwas Sonnenenergie zurückholen. Mitunter band man sich in der Zeit der Sonnenwende auch Beifußstiele wie ein Baströckchen um die Hüfte. Das sollte zum Stärken der Immunkräfte beitragen. Auch wenn man nicht an Hokuspokus glaubt, derartige Traditionen sollten unbedingt weiter gepflegt werden. Die Kraft der Kräuter ist unbestritten und ihre dekorative Erscheinung insbesondere um die Sommersonnenwende ist Grund genug, wieder einmal gründlicher auf die Signale der Natur zu achten. Vom wunderbaren Mitsommerkraut Beifuß werden in dieser Zeit immer zwei bis drei stattliche Sträuße in meiner Vorratskammer getrocknet. Die Wirkung seiner Bitterstoffe ist mir als Koch natürlich bestens bekannt und spätestens zur Martinsgans verwende ich ihn, damit das Fett der Gans nicht schwer im Magen liegt.

Übrigens *In die Mitte eines Sonnenwendbuschens wird oft eine Königskerze gebunden. Königskerzen sind nicht nur besonders dekorativ, aus ihren getrockneten Blüten lässt sich auch ein leuchtend gelber Tee zubereiten, der die Sommersonne auf den Frühstückstisch zaubert.*

Sommer

Die schönste Zeit des Jahres lockt nach draußen

Kalendarisch beginnt der Sommer am längsten Tag des Jahres zur Sommersonnenwende. Das ist rein rechnerisch der 20. oder 21. Juni. Auch wenn es die meisten Menschen dann noch nicht wahrnehmen, die Tage werden von nun an schon wieder kürzer. Sommer, das ist Sonnenschein, azurblauer Himmel, blühende Wiesen, Eisbecher, Biergärten, Flipflops und leichte Kleidung. Er ist die beliebteste Jahreszeit für den Urlaub und für Auszeiten voller Müßiggang, für Nachmittage unterm Kirschbaum in der Hängematte, für Ausflüge an Seen, Flüsse und Meere, für laue Abende mit Lagerfeuer und Grillpartys. Der Sommer ist die mitunter recht kurze Zeit, um das mitteleuropäische Sonnendefizit auszugleichen und die eigenen „Batterien" wieder aufzuladen. Was ein Sommertag ist, und was nicht, dafür gibt es übrigens Regeln: Meteorologisch ist erst nach Erreichen der Mindesttemperatur von 25 Grad der Tag ein Sommertag. Mit etwas Glück sind das in Deutschlands Osten und Norden lediglich etwa 10 Tage pro Sommermonat. Aus gastronomischer Sicht verbinden wir den Sommer mit leicht verdaulichen Gerichten der mediterranen Küche, mit erfrischenden, kalten Suppen, köstlichen

Salatkreationen und Pasta-Gerichten sowie fruchtigen Kaltschalen und leckeren Eisdesserts. Die beste Hilfe bei der geeigneten Ernährung gibt uns unser Bauchgefühl. Wer hat im Sommer schon Appetit auf Gänsebraten mit Klößen? Hohe Außentemperaturen minimieren sofort unseren Energiebedarf. Energiereiche Kost würde den Kreislauf zusätzlich belasten, unser Körper reagiert deshalb mit Appetitlosigkeit. An heißen Tagen ist es sinnvoll, mehrere kleine Mahlzeiten über den Tag verteilt einzunehmen. Viel Obst und Gemüse, Eiweiß und wenig

tierische Fette fördern das Wohlbefinden. Fisch, Quark, Joghurt und auch mageres Hähnchenfleisch sind wesentlich bekömmlicher als große Fleischportionen. Da also eine anhaltend warme Wetterlage den Appetit im erheblichen Maße drosselt, fällt eine Diät im Sommer leichter als in der kalten Jahreszeit. Beim Zubereiten von Speisen an heißen Tagen kann man außerdem auch noch mit dem Würzen Einfluss auf die Bekömmlichkeit und Gesunderhaltung nehmen. Scharfe Gewürze wie Chili, Curry oder auch Ingwerwurzel verbessern die Durchblutung, öffnen die Hautporen und fördern die Verdauung. Auf der Haut kommt es zu einem verstärkten Feuchtigkeitsaustausch durch Verdunstung. Das Ergebnis ist die Abkühlung des Körpers, was insgesamt als angenehm empfunden wird. Scharfe Gewürze haben dazu noch eine desinfizierende Wirkung, womit die erhöhte Keimbildung bei hoher Umgebungstemperatur reduziert wird. Da sage einer, dass Köche nicht allzu viel für die Gesundheit tun können.
Auch die Getränke spielen im Sommer eine ganz besondere Rolle. Bei brütender Hitze ist Wasser noch immer der beste Durstlöscher - ganz gleich ob Mineralwasser oder einfaches Leitungswasser. Die beliebte „Rohrperle" ist das am besten kontrollierte heimische Lebensmittel. Im Ausland sollte man damit vorsichtiger sein. Seinen Gästen kann man auch sehr gern Wasser, das mit Scheiben von Ingwerwurzel und Zitronenmelisse oder mit Limettenscheiben versetzt ist, in einer attraktiven Glaskaraffe reichen. Das ist ein perfekter Durstlöscher und sieht zudem noch ansprechend aus. Auch verschiedene Teezubereitungen sind hervorragend geeignet, mit wenig Kalorienzufuhr den Durst zu löschen. Die im Tee zum Teil reichlich enthaltenen Gerbstoffe beruhigen Magen und Darm, die bei Hitze oft angegriffen sind. So aktiviert Minze die körpereigenen Kälterezeptoren, weshalb auch Pfefferminztee an heißen Tagen sehr gern getrunken wird. Wenn überhaupt, sollte man mit Alkoholgenuss bis in die kühleren Abendstunden warten. In Maßen genossen ist dann natürlich gegen ein gut gekühltes Bier, gern auch ein erfrischendes Hefeweizen, oder gegen ein Gläschen Roséwein nichts einzuwenden. Urlaubsfeeling erzeugt auch immer ein gut gekühlter und nicht zu hochprozentiger Cocktail.
Wenn es brütend heiß ist, erscheint es oft erst einmal richtig logisch, den Durst mit eiskalten Getränken zu löschen. Ein zischendes, kaltes Bier oder eine Flasche Mineralwasser aus dem Kühlschrank erscheinen als ideale Durstlöscher. Jedoch: mit dieser Annahme liegt man falsch. Die Getränke sollten an Hitzetagen weder heiß noch eiskalt sein. Letztere geben unseren körperlichen Temperaturfühlern leider ein völlig falsches Signal: Unserem Körper sagen wir damit nur, es wäre etwas kühl und er möge doch bitte ein wenig heizen. Wer also zum Schwitzen neigt, vermeidet eiskalte Getränke. Auch um Kaffee sollte man an heißen Tagen einen Bogen machen, Salbeitee hingegen mindert die Schweißproduktion - so bleibt auch der Flüssigkeitshaushalt ausgeglichen. Lernen wir von den hitzeerfahrenen Südländern: Sie trinken lauwarmen Tee in kleinen Mengen, aber in kurz aufeinander folgenden Trinkintervallen.

Kalte Joghurt-Gurken-Suppe für heiße Tage

4 Portionen

1 Salatgurke
2 mittelgroße Knoblauchzehen
3 EL Speiseöl
1 Bund Dill
600 g Naturjoghurt
200 g saure Sahne
100 g gehackte Walnusskerne
Salz, Pfeffer aus der Mühle

Die gewaschene Salatgurke dünn schälen oder, wenn die Schale besonders zart ist, ungeschält weiterverarbeiten. Am besten reibt man die Gurke auf einer groben Raspel zu Spänen, die unter Zugabe von Salz gut durchgearbeitet werden. Die geschälten Knoblauchzehen mit dem Speiseöl im Mixer sehr fein pürieren, den gewaschenen Dill mit einem scharfen Messer sehr fein schneiden, dicke Stängel vorher entfernen. In einer Schüssel den gut gekühlten Joghurt und die saure Sahne mit Hilfe des Schneebesens gut miteinander verrühren. Dann die Gurkenraspeln, pürierten Knoblauch und Dill dazugeben. Nach Geschmack mit Salz und Pfeffer aus der Mühle würzen.
Die Suppe noch 1 Stunde in den Kühlschrank stellen, damit sich das Aroma der Würze noch besser entfalten kann. Dann die kalte Joghurtsuppe auf vier tiefe Teller verteilen, mit gehackten Walnüssen bestreuen und jeden Tellerrand mit etwas gezupftem Dill garnieren.

Übrigens *Kalte Suppen sind ideal für heiße Sommertage. Sie lassen sich leicht und schnell zubereiten, sind erfrischend und versorgen unseren Körper mit reichlich Wasser sowie wertvollen Vitaminen und Mineralstoffen.*

Feine Grillsteaks

8–10 Rinderhüftsteaks
oder Lammrückenfilets à 180 g

FÜR DIE ROTWEINBEIZE
¼ l Rotwein
100 ml Balsamico-Essig
4–5 geviertelte Knoblauchzehen
je 1 Zweig Rosmarin und Thymian
1 TL grober Pfeffer
100 ml feines Speiseöl

Alle Zutaten für die Beize zu einer Emulsion mischen, das Fleisch darin einlegen und ca. ½ Tag im Kühlschrank marinieren lassen.
Am Grilltag das Fleisch ca. 3–5 Minuten von jeder Seite grillen, evtl. salzen. Dazu schmecken frische Blattsalate, Grillgemüse und Kartoffeln oder knuspriges Baguette.

Grillkartoffeln

pro Person

3–4 festkochende Kartoffeln
Kräuter der Provence

Kartoffeln leicht einölen, mit Kräutern der Provence bestreuen, fest in Alufolie wickeln und grillen. Das dauert je nach Größe 45 bis 60 Minuten. Schneller geht es, wenn man die Kartoffeln vorher wie für Pellkartoffeln halbgar kocht. Dazu schmeckt Kräuterbutter oder ein saure Sahne-Dip verrührt mit gehacktem Dill oder Schnittlauch.

Klassisches Grill-Gemüse

Mais
Paprika
Champignons
Tomaten
Zwiebeln
Zucchini
Auberginen
Möhren

Gemüse für den Grill sollte immer so frisch wie möglich sein und eine glatte, unbeschädigte Oberfläche haben. Für einen intensiven Geschmack für mehrere Stunden in einer Mischung aus Öl, Zitronensaft oder Essig, Gewürzen und Kräutern marinieren.
Vor dem Grillen bitte das Gemüse grundsätzlich mit Fett einstreichen, um es vor dem Austrocknen und Verbrennen zu schützen.
Gemüse verbrennt wesentlich leichter als Fleisch, deshalb sollte man es je nach Garzeit bei mittlerer bis geringer Hitze sanft grillen.
Gemüse immer erst nach dem Grillen salzen, da Salz dem Gemüse Wasser entzieht und es sonst weniger knackig wird. Die Marinade sollte grundsätzlich kein Salz enthalten, da Salz das Eindringen der Aromen verhindert.
Besonders gut eignen sich feste Alufolie, Grillschalen aus Aluminium und/oder Spieße zum Grillen von Gemüse.

Erfrischender Smoothie mit Wassermelone und Feldsalat

für 4 Gläser à 150 ml

1 Limette
50 g gewaschener, geputzter Feldsalat
300 g Fruchtfleisch von 1 Wassermelone
200 ml Ananassaft
1 EL Ahornsirup
Fruchtfleisch von ½ Avocado

Von der Limette 4 Scheiben zur Garnierung abschneiden, den Rest auspressen und mit allen anderen Zutaten im Mixer gründlich zerkleinern. Auf vier Gläser verteilen. Je zwei Eiswürfel zugeben und eine Scheibe Limette an den Glasrand stecken. Strohhalm in den Smoothie stecken und sofort servieren.

Übrigens *Smoothies sind gesunde Ernährung pur. Verwenden Sie dafür stets frische Zutaten. Regionale Produkte vom Markt haben nur kurze Transportwege und besitzen meist die wertvolleren Inhaltsstoffe. Mandelbutter, Kokosmilch, Erdnussbutter und auch zerstoßene Körner erzeugen die so beliebte, cremige Konsistenz.*

Wettersensible Tiere

Die Frösche quaken wohl, aber das Wetter machen sie nicht.

Bekannt ist einigen Lesern vielleicht bereits, dass Tiere sehr feinfühlig reagieren, wenn sich zum Beispiel in Erdbebengebieten ein tektonisches Ereignis ankündigt oder wenn ein Vulkanausbruch bevorsteht. Bereits bevor wir Menschen etwas wahrnehmen, geraten Tiere regelrecht in Aufruhr.

Aber wie sieht es mit dem Wetter aus? Kann man aus dem Verhalten von Tieren Rückschlüsse auf die Wetterentwicklung ziehen? Ja, denn nicht nur Pflanzen reagieren auf das Wetter. Man muss sich jedoch sehr gut mit den Gewohnheiten der Tiere auskennen und manch eine Verhaltensweise kann man erst auf den zweiten Blick mit einer bevorstehenden Wetterveränderung verbinden.

Kühe zum Beispiel sind sehr wettersensibel: Wenn ein Wetterwechsel bevorsteht, vergeht ihnen der Appetit. Sie drehen sich meist mit ihrem Hinterteil zum Wind und fressen dann eher lustlos und langsam in dieser Richtung stehend ihr Gras.

Und warum fliegen die **Schwalben** bei bevorstehendem Regenwetter tief und bei Hochdruckwetter hoch? Das liegt einzig und allein an ihrer Lieblingsspeise – den **Mücken**. Bei entsprechender Wetterlage fliegen Mücken nämlich tief oder eben hoch. Ähnlich ist es mit dem Laubfrosch. Der frisst gern Insekten und diese steigen bei Schönwetter vom Boden nach oben. Die Geschichte mit dem Wetterfrosch, der auf Leitern klettert, ist übrigens eine Erfindung des Menschen, sie hört sich aber zugegebenermaßen immer wieder reizvoll an.

Recht zuverlässige Wetterboten sind **Spinnen**. Sie verlassen vor Einsetzen von Regenwetter ihr Spinnennetz und suchen sich einen sicheren Unterschlupf. Hat man im Herbst besonders viele Spinnen im Haus, kann das ein Zeichen dafür sein, dass ein strenger Winter bevorsteht.

Weinbergschnecken verziehen sich bei stabilem Hochdruckwetter und Hitze gern an ein schattiges, feuchtes Plätzchen. Hat die Luft viel Feuchtigkeit aufgenommen, verlassen sie diese Schutzorte und der Regen lässt dann meist nicht mehr lange auf sich warten.

Alljährlich schaut die Welt am 2. Februar gebannt in Richtung USA. Jedermann weiß, dass dann Murmeltier Phil nach dem heiß ersehnten Frühling befragt wird, und alle hoffen, dass Phil beim Auftauchen aus seinem Erdloch keinen Schatten wirft. Andernfalls muss man noch sechs Wochen auf den Frühling warten. Kann man ihm trauen oder erzählt er Unfug und hält uns zum Narren?

„Kräht der Hahn auf dem Mist, ändert sich das Wetter oder es bleibt wie es ist." Wenn man an Bauernregeln denkt, fällt den meisten wohl diese ein. Sie verrät jedoch leider gar nichts Brauchbares zur Wetterlage. Dagegen sagen uns **Hahn oder Henne** durchaus etwas über das bevorstehende Wetter. Wenn sie sich nämlich auf ihrem Misthaufen weiter oben aufhalten, droht Regen. Doch die wirklichen Wetteranzeiger sind hier Regenwürmer oder Insekten, denn kurz

bevor es regnet, bewegen sie sich im Misthaufen weiter nach oben und Hahn und Henne freuen sich über ein leicht ergattertes Mittagessen.
Ein besonders zuverlässiger Vertreter aus dem Reich der Tiere in Sachen Wetterbericht ist der Wetterhahn: Sollte er aus Altersgründen noch nicht eingerostet sein, dann zeigt er mit bemerkenswerter Zuverlässigkeit an, aus welcher Richtung der Wind bläst.

Dreht mehrmals sich der Wetterhahn, so zeigt er Sturm und Regen an.

Sommerliche Bauernregeln

Kaum glaubt man, die Wintersachen ganz hinten im Schrank verstauen zu können, wird es auch schon wieder frisch. Die Schafskälte um den 11. Juni herum tritt fast jedes Jahr auf. Nach der ersten sommerlichen Periode im Mai stellen sich Mitte Juni gern recht kühle, wechselhafte, teils auch nasse Tage ein. Mit einer Nordweströmung fallen die Temperaturen für ein paar Tage gern um 5 bis 10 Grad. Nicht nur die Schafe, die gerade geschoren wurden, auch wir Menschen frösteln vorübergehend noch mal etwas.
Beim Gedanken an Sommer fällt vielen auch der Siebenschläfertag am 27. Juni und die dazu gehörige Bauernregel ein: „Wie das Wetter am Siebenschläfer sich

verhält, ist es sieben Wochen lang bestellt." Wenn Sie sich ein bisschen mit dem Wetter auskennen, wird Ihnen aber schnell klar werden, dass das Wetter lediglich eines Tages sehr schwer ausschlaggebend für den ganzen Sommer sein kann. Deshalb funktioniert diese Bauernregel nur, wenn man sich die Großwetterlage in der ersten Juliwoche anschaut. Der Grund dafür findet sich in der gregorianischen Kalenderreform aus dem Jahr 1582, denn damals wurden zehn Tage aus dem Kalender gestrichen. Die Siebenschläferregel jedoch ist weitaus älter als die Kalenderreform und stammt noch aus der Zeit des julianischen Kalenders.

Aus meteorologischer Sicht beschreibt die Bauernregel des Siebenschläfers folgende Wetterphänomene: Wenn der Jetstream, ein Starkwindband in zehn Kilometern Höhe, recht weit nördlich liegt und wir uns in einem Wellenberg dieser Höhenströmung befinden, haben wir es in Europa häufig mit Südwestwind und Hochdruckeinfluss zu tun. Mit guter Regelmäßigkeit kommt es dann zu einer „Omegawetterlage", einem blockierenden Hoch über Mitteleuropa, was uns einen stabilen, trockenen und warmen Sommer beschert. Dieses blockierende Hoch ist ein Ableger des Azorenhochs, von dem wir wissen, dass es sich zwar über den Azoren bildet, direkt hier jedoch nicht immer beständiges, trockenes schönes Wetter bringt. Aber uns hier in Deutschland nützt es eine ganze Menge, wenn man Wärme, Sonne und Trockenheit liebt.

Wenn allerdings das Azorenhoch an seinem Ursprungsort, nämlich über den Azoren, liegen bleibt, ist das für das Wetter in Deutschland eher von Nachteil. Denn das Azorenhoch wird von den Islandtiefs als „Rutsche" genutzt, die dann in regelmäßigen Abständen nach Mitteleuropa einfallen. Dann haben wir eigentlich einen ganz „normalen" mitteleuropäischen Sommer, der abwechslungsreiches, mäßig warmes Wetter bringt. Aber das ist ziemlich unpopulär in der heutigen Zeit geworden, die meisten sehnen sich nach Mittelmeersommer zu Hause und wenn es ihn nicht gibt, wird über das Wetter geschimpft. Auf alle Fälle ist die Siebenschläferregel eine recht gute, verlässliche Bauernregel, vor allem im Süden von Deutschland trifft sie zu etwa 70 Prozent zu.

„Hundstage heiß, bringen den Bauern viel Schweiß". Eigentlich sind die Hundstage (22.7.-23.8.) ein astronomisches Ereignis und kein meteorologisches oder gar zoologisches. In dieser Zeit geht der hellste Stern des Sternzeichens des Großen Hundes, der Sirius, in der Morgendämmerung auf. Am Ende der Hundstage kann man dann das ganze Sternbild am Himmel sehen. Zuvor stand der Sirius wochenlang für uns unsichtbar gemeinsam mit der Sonne am Tageshimmel. Die heißesten Tage des Jahres fallen häufig in genau diese Zeit: Ein Hochdruckgebiet baut sich über Europa auf und mit südlicher Strömung kommt heiße Luft aus Afrika in unsere Lagen. Früher dachten die Menschen, dass der Sirius ihnen die Hitze brachte. Auf alle Fälle hat diese Bauernregel rein gar nichts mit den Vierbeinern, unseren zottligen Freunden, die in dieser Zeit besonders lange Zungen zeigen, zu tun, sondern mit dem Sternzeichen des Hundes. Eine recht gute Trefferquote hat diese Bauernregel dann aber doch.

Zwetschgenkuchen mit Streuseln

FÜR DEN TEIG
350 g Mehl
75 g gemahlene Mandeln
200 g Zucker
1 Pck. Backpulver
1 Prise Salz
optional ¼ TL Zimt
250 g Butter
2 Eigelb

FÜR DEN BELAG
1 kg frische Zwetschgen oder Pflaumen
50 g Zucker oder 2 Pck. Vanillezucker
etwas Fett für die Form

Für den Streuselteig das Mehl in eine Schüssel sieben, mit Mandeln, Zucker, Zitronenschale, Backpulver und Salz gut vermischen. Wer mag, gibt noch Zimt in den Teig. Butter und Eigelb zugeben, alles rasch verkneten und ca. 30 Minuten kalt stellen.

Nun die Zwetschgen waschen, trocken tupfen, dann halbieren und entsteinen.

Eine Springform (26 cm Ø) einfetten oder mit Backpapier auskleiden. ⅔ vom Streuselteig als Boden in die Form drücken, einen kleinen Rand hochziehen.

Die Zwetschgenhälften vom Rand aus im Kreis (rosettenförmig) bis zur Mitte verteilen, Zucker oder Vanillezucker darüber streuen und die restlichen Streusel darüber geben. Im vorgeheizten Backofen auf der mittleren Schiene bei 175 °C ca. 45 Minuten backen. Die Streusel sollten goldgelb sein. Zum Auskühlen auf ein Gitter geben. Mit Schlagsahne servieren.

Tipp *Beim Einkauf auf möglichst glänzende, feste Früchte achten, die am Stielansatz noch keine Fältchen haben. Die Früchte sollten keine grünen Stellen aufweisen, da Zwetschgen sehr schlecht nachreifen. Von guter Qualität kann man auch größere Mengen kaufen, denn Zwetschgen lassen sich perfekt einfrieren.*

Biskuitrolle mit Himbeerquark

FÜR DEN TEIG
3 Eier
1 Prise Salz
3 EL warmes Wasser
abgeriebene Schale von ½ Bio-Orange
90 g Honig
110 g Dinkelmehl
½ TL Backpulver

FÜR DIE FÜLLUNG
400 g Himbeeren
3 EL Ahornsirup
200 ml Schlagsahne
1 Pck. Sahnesteif
250 g Magerquark
1–2 EL Orangensaft
Puderzucker zum Bestäuben

Backofen mit Umluft auf 180 °C (normaler E-Herd mit O/U: 200 °C) vorheizen und ein Backblech mit Backpapier auslegen. Für den Teig die Eier trennen. Eigelb mit Honig, Orangenschale und Wasser zu einer sehr schaumigen Masse aufschlagen. Eiweiß und 1 Prise Salz zu schnittfestem Eischnee schlagen und auf die Eigelbmasse gleiten lassen. Mehl und Backpulver mischen und über den Eischnee sieben. Alles vorsichtig miteinander vermischen. Den Teig gleichmäßig auf das Backpapier streichen und 8 bis 10 Minuten goldbraun backen. Die Biskuitplatte auf ein mit Zucker bestreutes Küchentuch stürzen, das Backpapier abziehen die Teigplatte vorsichtig aufrollen und auskühlen lassen.

Die verlesenen und gesäuberten Himbeeren mit dem Ahornsirup beträufeln. Die Sahne mit Sahnesteif steif schlagen und den Quark mit dem Orangensaft verrühren. Nun alles vorsichtig miteinander vermischen. Die erkaltete Biskuitrolle vorsichtig ausrollen, gleichmäßig mit der Himbeermasse bestreichen und wieder zusammenrollen. Nun die Biskuitrolle mit Puderzucker bestäuben und im Kühlschrank ca. 2 Stunden ruhen lassen. Zum Verzehr mit einem scharfen Messer in Stücke schneiden.

Tipp *Das Gebäck lässt sich gut einen Tag vorher vorbereiten, vor allem kann es dann über Nacht kühl gestellt durchziehen.*

Facettenreiches Sommerwetter

Es gibt nur wenige, die den Sommer nicht mögen. Die meisten Menschen lassen sich von Sonne und Wärme gern nach draußen locken, auf die Straßen, in die Parks und Gärten. Hier wird gegrillt und Eis in der Sonne gegessen, Picknicks und Familienfeiern unter großen Bäumen im Zwielicht der Sommersonne laden ein zu geruhsamen Stunden voller Genuss und Freude. Ausflüge an die Seen bringen Erfrischung an heißen Tagen, und die Freisitze sind voll mit Menschen, die den Feierabend bei einem kühlen Getränk verbringen.
Dabei haben wir Meteorologen es nicht leicht, es jedem Recht zu machen. Denn brütende Hitze und knallende Sonne über Wochen hinweg haben eben auch ihre Schattenseiten, der Sommer 2018 hat das hinlänglich bewiesen. Während der Sommerfreund 30 Grad und Sonnenschein als genau richtig empfindet, klagen die Gärtner und Landwirte über zu wenig Regen, denn lang anhaltende Trockenheit und Hitze sorgen für schlechte Ernten. Und wo Hitze herrscht, kann auch mit heftigen Gewittern gerechnet werden, die ihre ganze Energie in kurzer Zeit entladen und auch hier für Tornados, Stürme und Sturzfluten sorgen. Abwechslungsreiches und mäßig warmes Wetter empfinden die meisten als Sommer, der kein echter ist - das perfekte Wetter für jeden hinzubekommen ist nun mal nicht leicht - vor allem, weil wir Meteorologen das Wetter ja nicht machen, sondern nur vorhersagen.
Über das berühmte Azorenhoch und die Siebenschläferregel haben wir schon geschrieben. Widmen wir uns jetzt den eher unschönen Seiten des Sommers, den Gewittern und Unwettern. Die gibt es nämlich hauptsächlich in dieser Jahreszeit, da in den Sommerwochen die Temperaturunterschiede zwischen dem Erdboden und höheren Schichten der Atmosphäre besonders groß sind. Ein Gewitter braucht viel Energie, die entsteht vor allem, wenn es zu solch großen Temperaturunterschieden kommt. Hat es sich dann einmal aufgebaut, kann schon mal ganz schön die Post abgehen. Ein normales Wärmegewitter am späten Nachmittag mit kurzem Platzregen und ein paar Blitzen kann zwar eine Grillparty vorübergehend stören, richtet aber zum Glück selten großen Schaden an. Ein richtiges Unwetter allerdings, das mit sintflutartigem Regen, tischtennisballgroßen Hagelkörnern und möglicherweise noch einem Tornado aufwartet, das kann tatsächlich gefährlich werden.
Meist ist eine Kaltfront schuld, die deutlich kältere Luft zu uns bringt und auf brütend heiße, feuchte Luft trifft. Die Feuchtigkeit beginnt schlagartig zu kondensieren, wie beim Duschen im Badezimmer. Energie wird freigesetzt, durch weiteren Feuchtenachschub formen sich große Wolkenberge, die weiter wachsen. Irgendwann bildet sich ein Amboss: Das obere Ende der Wolke geht in die Breite - ein Zeichen dafür, dass sich ausgewachsene Gewitterwolken gebildet haben. Sie können 20 bis 100 Millionen Tonnen Wasser enthalten. Heftige Auf- und

Abwinde lassen Wassertropfen gefrieren, zusammenprallen und zusammenwachsen, bis Hagelkörner entstehen. Wenn sie für die Wolke zu schwer werden, lösen sie sich aus ihr und fallen aus großer Höhe zu Boden. Die Hagelkörner nehmen mit jedem Meter Fallhöhe mehr Geschwindigkeit auf, bis sie rasend schnell auf die Erde prasseln. Bis zu 15 Zentimeter Durchmesser können diese Geschosse vereinzelt haben und sind damit extrem gefährlich. Graupel ist übrigens nichts anderes als Hagel, er bildet sich nur im Winter und ist damit kleiner, da haben die Gewitter meist weniger Power. Wenn sich nun im Sommer 10 bis 15 Kilometer hohe Cumulonimbuswolken gebildet haben, kann es bei Scherwinden, das heißt, wenn der Wind in der Höhe aus einer anderen Richtung weht als am Boden, zu Tornados kommen. Diese können vor allem durch ihre hohen Windgeschwindigkeiten und Sogkraft sehr gefährlich sein.

Übrigens *Bei Gewitter werden Milch und Sahne sauer. Das ist eine zuverlässige Weisheit aus Zeiten, als es noch keine Kühlschränke gab. Bei schwülem Wetter vermehren sich Milchsäurebakterien rasant. Inwieweit auch elektromagnetische Impulse zum Säuern beitragen, bleibt noch zu erforschen. Kühlschränke bieten aber einen recht zuverlässigen Schutz vor dem Sauerwerden von Milchprodukten.*

Vom Landregen, Platzregen und vom Recht behalten

Gern und leicht wird uns Meteorologen ja vorgehalten, wir würden das Wetter falsch vorhersagen. Besonders oft passiert das im Sommer, wenn sich in den heißen Monaten Gewitter aufbauen. Wir Meteorologen können zwar Unwetterlagen für bestimmte Regionen erkennen, meist recht zeitgenau vorhersagen und warnen, aber eben nicht punktgenau, denn auch wir sind der zuweilen chaotischen Physik der Atmosphäre unterworfen. Oft trifft ein Gewitter einen Ort und nur ein paar hundert Meter weiter passiert nichts - da ist zwar der Himmel dunkel, aber es kommen nur ein paar Tropfen herunter. Bei einem breiten Landregen ist das schon einfacher, er macht sich flächig breit, es regnet schlicht überall. Wo also genau ein Blitz einschlagen, ein Tornado aufkommen und ein Hagelunwetter auftreten wird, können auch wir genauso wenig wissen wie die Lottozahlen. Mit sogenanntem Nowcasting, der Kürzestfristvorhersage durch Beobachten des aktuellen Radarfilms für eine 30 Minuten-Vorhersage, sind unsere Prognosen jedoch sehr treffend.

Kann man Wetter-Apps vertrauen?

Einfach auf die Wetter-App schauen und sich auf die Wettervorhersage verlassen, das kann ganz schön schief gehen. Die zum Teil minütlichen Prognosen für jedes Dorf in Deutschland erscheinen auf den ersten Blick seriös und erstaunlich punktgenau - allerdings wirken sie nur so. Denn hinter den Apps stecken vom Computer ermittelte Daten von Wettermodellen, die sich nie ein Meteorologe angeschaut und ausgewertet hat. Zum Teil sind sie interpoliert und lediglich das Ergebnis eines einzigen Wettermodells. Wir Meteorologen jedoch lieben die Vielzahl der Modelle, die es mittlerweile gibt - wir vergleichen und analysieren sie und machen uns durch Begutachten der aktuellen Wettersituation so unser eigenes Bild. Zum Glück sind Computer noch keine Meteorologen, denn auch wenn sie uns helfen und die Modelldaten und neue Wetterstationen sich mit ihrem Einsatz sehr verbesserten, so kann man ihre unreflektierten Ergebnisse nicht als seriöse Vorhersagen in Apps werten. Auch Roboter in Fabriken müssen vom Menschen bedient und beobachtet werden, ganz allein kann man sie nicht arbeiten lassen. Und so ist es auch mit den Wetter-Apps. Manchmal stimmen sie, aber die Aussagen der meisten Apps sind aller Erfahrung nach nicht besonders zuverlässig. Zur Orientierung und für aktuelle Temperaturen, Windrichtung und -stärke sowie das Beobachten des Regenradars kann man Wetter-Apps gut nutzen, aber bitte mehr nicht.

Wie verhalte ich mich bei einem Gewitter?

Es ist windstill, gespenstische Ruhe - kein Vogel zwitschert, kein Ast bewegt sich, der Himmel verdunkelt sich mehr und mehr und die Welt steht still. Wenn dann auf einmal der Wind stark auffrischt, geht es nur wenige Minuten später meist richtig los. Zunächst regnet es häufig nur etwas, schnell aber gießt es wie aus Eimern, es blitzt, donnert, stürmt und manchmal hagelt es auch, der Himmel zeigt, was er alles kann. Das ist imposant, befindet man sich jedoch draußen, ist ein Gewitter zu Recht beängstigend, denn nun wird es gefährlich für den Menschen, vor allem, wenn zwischen Blitz und Donner nur wenige Sekunden vergehen.
Der Blitz schlägt meist im höchsten Punkt ein, deshalb sollte man während eines Gewitters nicht mit einem Fahrrad über ein Feld fahren, in einem See schwimmen, im Wald unterwegs sein oder in den Bergen wandern. Dann kann es wirklich lebensgefährlich werden. Vor allem wenn man eine Bergtour plant, sollte man den Himmel sehr genau beobachten und vorher eine seriöse Wettervorhersage einholen, in den Bergen kann das Wetter schnell umschlagen. Sicher ist man in einem Haus, am besten mit Blitzableiter. Aber auch im Auto, Zug oder Flugzeug kann einem nichts passieren, das sind sogenannte „Faraday'sche Käfige“. Wenn hier der Blitz einschlägt, wird er außen entlanggeleitet und verlässt das Objekt, in dem man sich befindet, wieder. Gegenstände aus leitenden Materialien sollte man während eines Gewitters nicht berühren, dazu zählen der

Regenschirm und auch das Fahrrad. Halten Sie während eines Gewitters ebenso Abstand zu anderen Personen oder Lebewesen, also auch dem Hund, auf dessen Gassi-Runde man vom Gewitter überrascht wurde; ein bis drei Meter werden empfohlen. Sind Sie mit einer Wandergruppe unterwegs und ein Gewitter bricht los, dann achten Sie also auf den Abstand zueinander, wenn Sie sich in Sicherheit bringen. In der Gruppe in einer Kuhle zu hocken mag zwar kurzweilig sein, ist aber gefährlich.

Für Gewitter gibt es die folgende, recht bekannte Bauernregel: „Eichen sollst du weichen, Buchen sollst du suchen." Das ist natürlich Quatsch - vergessen Sie diese Regel! Der Blitz unterscheidet nun mal keine Baumarten, er sucht sich wie schon beschrieben Punkte, die aus ihrer Umgebung herausragen. Generell ist es im Wald während eines Gewitters nicht ungefährlich, nicht nur, weil der Blitz in Bäume einschlagen kann, sondern auch, weil durch den Sturm Äste abbrechen können. Deshalb rasch den Waldrand suchen. Schlägt ein Blitz ein, umgibt die Einschlagstelle ein Spannungsfeld von rund zwanzig Metern Durchmesser. Befinden Sie sich zufällig in diesem, kommt es nun auf die sogenannte Schrittspannung an: Die Elektrizität des Blitzschlags geht zum einen Bein hoch, durch den Unterleib und zum anderen Bein wieder raus. Je enger die Füße beieinander stehen, desto geringer ist die Stärke der sich entladenden Elektrizität. Deshalb ist Liegen eine der ungünstigsten Varianten während eines Gewitters. Sollte einen ein Unwetter beim Wandern ereilen, ist es am klügsten, sich in eine Kuhle zu hocken, die Beine möglichst dicht aneinander zu stellen und die Hände schützend über dem Kopf zu verschränken. So wird man zwar richtig nass und angenehm ist es sicher auch nicht, aber die Wahrscheinlichkeit, vom Blitz getroffen zu werden, ist geringer.

Wetterleuchten

Wenn die Atmosphäre anfängt zu flackern, der Himmel in grellen Farben zuckt und es dabei mucksmäuschenstill ist, dann haben wir es mit Wetterleuchten zu tun. Es sind Gewitter, die in weiter Entfernung aktiv sind - zu weit weg, um ein Donnern zu hören, dessen akustische Kraft rund 18 Kilometer reicht. Bei Wetterleuchten sind außerdem meist keine klaren Blitze erkennbar, man hat eher das Gefühl, dass einige Wolkenberge anfangen zu leuchten. Allerdings sieht man Wetterleuchten meist nur in der Nacht. Tagsüber ist es einfach zu hell, um Blitze in teils mehr als 100 Kilometern Entfernung sehen zu können. Weitere Voraussetzungen sind eine gute Fernsicht, hochreichende Gewitterwolken, ein klarer Himmel und kein störendes Stadt- oder Mondlicht.

Tropische Nächte und Sternschnuppen

Wer liebt sie nicht, die lauen Sommernächte: Nur im Sommerkleid oder in Shorts und T-Shirt auf der Terrasse sitzen, ein Glas Wein trinken und in den funkelnden Sternenhimmel schauen. Da kann ein einziger Abend wie ein Kurzurlaub sein. Für erholsamen, tiefen Schlaf ist die brütende Hitze leider nichts - die Wärme steht im Schlafzimmer, kein Windzug regt sich und man schwitzt sich durch die Nacht. Wenn einem dann noch die Mücken um die Ohren sirren, ist an himmlische Nachtruhe und tiefes Schlummern nicht mehr zu denken. Alles hat seine Licht- und Schattenseiten, auch die tropischen Nächte.
Häufig gibt es sie ja bei uns in Deutschland nicht, denn meteorologisch gesehen darf dann die Tiefsttemperatur nicht unter 20 Grad fallen. Das ist in den Tropen normal, bei uns aber wirklich eine Seltenheit. Oft paaren sich die tropischen Nächte mit sogenannten „heißen Tagen“, das sind für uns Wetterexperten Tage, an denen die Höchsttemperatur bei 30 Grad und darüber liegen muss. Zu guter Letzt haben wir im Sommer noch die meteorologischen Sommertage mit Höchsttemperaturen von mindestens 25 Grad.

Aber kommen wir nochmal zu den lauen Sommernächten und dem In-den-Himmel-schauen: Vor allem Mitte August hat man gute Chancen Sternschnuppen zu sehen, denn dann kreuzt die Erde die Laufbahn des Kometen Swift-Tuttle und der Meteorschauer der Perseiden wird aktiv: Durch den Weltraum fliegen Unmengen kleine und größere Gesteine und manchmal treten sie in die Erdatmosphäre ein. In den unendlichen Weiten des Alls sind sie unheimlich schnell, werden dann aber in der Atmosphäre stark abgebremst. Dabei entsteht extrem große Hitze, der Meteor verglüht und wir können ihn als Sternschnuppe am Himmel sehen und dürfen uns etwas wünschen. Auch Mitte November kommen wir noch einmal in den Genuss eines Sternschnuppenregens, den Leoniden. Allerdings ist es dann meist so kalt, dass es keinen Spaß macht, stundenlang den Himmel zu beobachten.

Beerenstarker Cocktail

für 1 Glas

2 cl Zitronensaft
2 cl Läuterzucker
2 cl Limettensirup
2 cl Himbeergeist
6 cl Tonic
einige Himbeeren (frisch oder TK)
Vita Cola zum Auffüllen

Alle flüssigen Zutaten außer der Cola in einem Glas mit Eis verrühren, die Früchte vorsichtig zugeben und das Ganze möglichst mit Vita Cola auffüllen. Strohhalm einstecken und fertig! Eine leckere kalte Erfrischung an heißen Sommerabenden.

TIPP *Läuterzucker ist einfacher Zuckersirup. Man benötigt dafür nur Zucker und Wasser. Ebenso einfach ist die Zubereitung. Zucker und Wasser im gleichen Verhältnis in einem Kochtopf vermischen und unter Rühren aufkochen lassen. 2–3 Minuten kochen lassen, bis der Zucker komplett aufgelöst ist. Dabei ab und zu umrühren. Den fertigen Zucker ca. 30 Minuten abkühlen lassen und dann in eine verschließbare Flasche umfüllen. Der Läuterzucker ist sehr lange haltbar und vielseitig verwendbar.*

Himbeer-Limette-Sommerdrink

für 12 Gläser

500 g Himbeeren (TK)
250 g Zucker
5 Limetten
120 g frische Himbeeren
24 Stiele Pfefferminze
12 TL brauner Zucker
Eiswürfel
1,6 l Mineralwasser

TK-Himbeeren mit Zucker bestreuen und antauen lassen. 2 Limetten auspressen. Saft mit Wasser auf 250 ml auffüllen. Mit Himbeeren und Zucker aufkochen und 2 bis 3 Minuten zu einem Sirup einköcheln lassen. Sirup durch ein Sieb streichen und abkühlen lassen.
Die übrigen Limetten heiß waschen und achteln. Die Minze waschen, trocken schütteln und Blättchen abzupfen. Frische Himbeeren verlesen und mit den Limettenstückchen und je 1 TL braunem Zucker auf 12 Gläser verteilen und mit einem Stößel etwas zerdrücken. Nun Eiswürfel und je 50 ml Himbeersirup zufügen und mit gut gekühltem Mineralwasser aufgießen. Mit Minzeblättchen garnieren.

Tipp *Wer einen stärkeren Minzegeschmack bevorzugt, der zerstößt auch etwas von den geschmacksintensiven Stielen der Minze in den Gläsern. Besonders dekorativ sind Eiswürfel, in denen eine Himbeere eingeschlossen ist: Einfach eine Beere in die Würfelform geben und mit Wasser auffüllen, frosten, fertig.*

Allergiker

Nicht nur im Frühling, auch im Sommer laufen so manche Nasen fast ununterbrochen. Vor allem wer auf Gräser allergisch reagiert, muss ganz schön leiden: Gerötete Augen sind ein Dauerzustand für viele, stets Taschentücher dabei zu haben ist Pflicht. Wenn man dann endlich denkt, man hat es geschafft, ärgern einen im Anschluss seit einigen Jahren dann noch die Ambrosiapollen.
Eigentlich gab es die Pflanze nur in Amerika, vermutlich wurde die Ambrosia nach Deutschland eingeschleppt, und ist nun vor allem an Straßenrändern durch die Abgase der Autos extrem aggressiv und verursacht besonders gereizte Schleimhäute, Heuschnupfen und Asthma. Die bis zu 1,80 Meter hohe Unkrautpflanze blüht erst im Juli, ihre Pollensaison geht von August bis in den Oktober hinein. Für Allergiker bedeutet das unter Umständen eine Verlängerung der Leidenszeit um zwei Monate. Wirklich tun kann man gegen Ambrosiapollen nichts, außer die Pflanzen mit Handschuhen aus der Erde zu ziehen und behutsam entsorgen. Höhenluft und Seewind bringen vielen Allergikern vorübergehende Linderung, suchen Sie doch mal danach Ihr Urlaubsziel aus, damit Sie wirklich entspannen können.

Gartentipps für den Sommer

Wer jätet schon gerne Unkraut ...

Treu dem Motto „Wo eine Pflanze wächst, kann zur gleichen Zeit keine andere Pflanze wachsen" kann man mit nützlichen Bodendeckern die freien Flächen zwischen den Nutzpflanzen vom Unkraut recht gut freihalten. Sinn machen niedrig wachsende Pflanzen, die nutzbar sind und möglichst wenig Licht zum Boden durchlassen. Gute Beispiele dafür sind Pflücksalat, Feldsalat, Neuseeländer Spinat, aber auch Walderdbeeren, Waldmeister oder die Kapuzinerkresse, von der man sowohl die Blätter für Salate als auch die dekorativen Blüten in der Küche verarbeiten kann.

Basilikum – ein beliebtes, aber zimperliches Küchenkraut

Basilikum braucht viele Nährstoffe. Beste Komposterde oder Anzuchterde ist gerade gut genug. Als „Sonnenkind“ benötigt Basilikum mindestens 20 Grad Umgebungstemperatur und es verträgt keine Zugluft. Die Erde darf nie austrocknen und dennoch mag es überhaupt kein „Fußbad“, also keine stehende Nässe. Ein ziemlich verwöhntes Kraut, vielleicht heißt es ja aus diesem Grund auch Königskraut. Die Suche nach einem geeigneten Standort in Haus oder Garten lohnt aber. Ach ja: Für eine Stützhilfe bedankt sich das Basilikum mit gutem aufrechtem Wuchs!

Sommerliche Wolkenkunde

Stratocumulus – Tiefe Haufenschichtwolken

Das ist die häufigste Wolkenart in Mitteleuropa, zum Glück aber meist eine Schönwetterwolke. Sie befindet sich in einer Höhe zwischen 500 Metern und zwei Kilometern und entsteht, wenn aufsteigende Luftmassen an atmosphärischen Grenzschichten gestoppt werden und sich in die Breite ausdehnen. Häufig sind sie ein Zeichen für stabiles Hochdruckwetter oder für das Ende einer Schauerwetterlage. Verdichten sie sich allerdings zu einer Schichtwolke, verschlechtert sich das Wetter.

Quellwolken

Diese Wolken können vom Boden bis in sechs Kilometer Höhe reichen. Quellwolken, auch Haufenwolken genannt, entstehen durch die Sonne, die Luftpakete auf der Erde unterschiedlich stark erwärmt. Die Luftpakete steigen auf, dort wird es kälter. Wachsen die Quellwolken im Tagesverlauf zu Türmen gen Himmel und nehmen Blumenkohlform an, dann drohen am Nachmittag oder Abend Gewitter. Wenn nicht genug Feuchtigkeit da ist, lösen sie sich im Laufe des Nachmittags wieder auf. Kommen hohe Haufenwolken aus westlichen Richtungen hereingezogen, könnte es sein, dass ein Tief bevorsteht.

Cumulonimbus – Schauer- und Gewitterwolken

Vom Erdboden bis in 10 bis 15 Kilometer in die Höhe können sie reichen und es ist eine Menge los in ihnen: Heftige Auf- und Abwinde schleudern Wassertropfen nach oben und unten, lassen die Wolken wachsen, gefrieren und wieder auftauen. Hagelkörner entstehen und elektrische Ladungen, die sich, wenn das Spannungsfeld groß genug ist, als Blitze entladen. Wenn Teile der Wolke eine schwefelgelbe Einfärbung haben, kommt es häufig zu Hagel. Wenn der Wind für kurze Zeit fast komplett einschläft, spricht man von der „Ruhe vor dem Sturm“. Nach ihr kommt Wind auf und schon Minuten später geht es los, intensiver Platzregen, Gewitter, Hagelschlag und heftige Sturmböen gehen auf die Erde nieder. An der Unterseite der Wolkenwalzen sieht man zuweilen sogenannte Funnel. Das sind Wolkentrichter, die bei Bodenkontakt zu Tornados werden können und als die schnellsten Winde der Welt gelten.

Cirrus - Schönwetterwölkchen

Dünne Federwölkchen, die es in 5 bis 13 Kilometer Höhe gibt, bestehen durchweg aus Eiskristallen und bringen nie Regen. Aber sie können Regen ankündigen, allerdings kann der sich bis zu zwei Tage Zeit lassen. Wenn Cirruswolken aus Südwest bis Nordwest heranziehen und sich allmählich verdichten, fällt meist auch der Luftdruck. Wir in Mitteleuropa liegen in der Westwindzone. Von hier aus erreichen uns Tiefdruckgebiete, die sich über dem Atlantik oder über Island gebildet haben. Werden die Federwolken dagegen im Tagesverlauf weniger, bedeutet das eine Wetterberuhigung. Besonders ausgefranste Cirruswolken sagen uns, dass es im Moment starke Höhenwinde gibt.
Ist der Himmel nicht strahlend blau, sondern wie mit einem weißen Schleier verdeckt, handelt es sich um eine Schleierwolke, auch Cirrostratus genannt. Dieser Schleier besteht wie alle Cirruswolken aus Eiskristallen.
Auch Kondensstreifen von Flugzeugen können uns etwas über das Wetter sagen: Lösen sie sich recht rasch auf, bleibt das Wetter schön. Verbreitern sie sich eher und bleiben lange zu sehen, kommt es zu einer Wetterverschlechterung.

Voll im Trend: die Outdoor-Küche

Unsere Vorfahren, die Menschen im Neandertal im heutigen Bergischen Land, ernährten sich etwa zu 20 Prozent pflanzlich und überwiegend von Fleisch. So manche moderne Grillparty lässt dabei Vergleiche aufkommen, obwohl wir heute ein schier unendliches Angebot an Zutaten haben, die nicht vom Tier stammen. Mit etwas mehr Engagement lassen sich auch von pflanzlichen Produkten wahre Grill-Köstlichkeiten in Kombination mit etwas Fleisch zaubern. In Thüringen hört man leider allzu oft, dass nur Bratwürste und Rostbrätel auf den Rost wandern. Beim nächsten Grillevent wird oft nur die Reihenfolge geändert.
Was jedoch in jedem Fall immer wieder begeistert, ist die Romantik einer offenen Feuerstelle und sei es auch nur ein glühender Holzkohlerost. Wenn es die Wetterlage ermöglicht, sind die meisten Menschen dafür zu begeistern. Selbst Wintergrillen im Schnee ist eine Gaudi besonderer Art und zu einem köstlichen Glühwein als Begleiter bedarf es ganz sicher keiner Überredungskünste.

Wie populär inzwischen das Kochen im Freien wieder geworden ist, beweisen auch die sogenannten Outdoor-Küchen. Es handelt sich um kleine oder bisweilen sogar größere Küchen im Freien oder zumindest außerhalb des eigentlichen Wohnhauses. Entstehender Rauch wird hier überhaupt nicht als störend empfunden. Zudem lädt eine Kochstelle unter freiem Himmel herrlich zum Unterhalten und geselligen Beisammensein ein. Die Arbeit in der Gartenküche gilt meist als Vergnügen, Essen und Genießen im Freien haben einen ganz besonderen Reiz. Haben Sie schon einmal über offenem Feuer in einem Kessel, gehalten von einem Dreibein, einen Kesselgulasch zubereitet oder zumindest das fertige Produkt probiert? Auch nach fast fünf Jahrzehnten in der weißen Kochjacke kann ich es noch nicht erklären, weshalb man den einzigartigen Geschmack des Kesselgulaschs in der Küche niemals erzielen kann. Es muss wohl die Lagerfeuer-Romantik sein, die ihn hervorbringt. Ich verrate Ihnen jetzt nachfolgend mein Kesselgulasch-Lieblingsrezept.

Kesselgulasch über offenem Feuer zubereitet

Zutaten für etwa 5–6 Liter

3 kg Rinderbeinscheibe
1 Bund Suppengrün
4 große Knoblauchzehen
Pfeffer
3 EL Speiseöl z.B. Raps
120 g Schweineschmalz
2–3 große Gemüsezwiebeln
Salz
20 g edelsüßes Paprikapulver
500 g milde Aivar-Paprikapaste
120 g scharfe Aivar-Paprikapaste
50 g Tomatenmark
2,5 l Rinderbrühe
2 Lorbeerblätter
nach Geschmack frische Kräuter wie Oregano, Thymian, Bohnenkraut und Liebstöckel
200 g Sellerieknolle
300 g Möhren
300 g Kohlrabi
3 grüne Paprikaschoten
300 g festkochende geschälte Kartoffeln
1 TL gemahlener Kümmel

Das Fleisch möglichst am Vortag vom Knochen trennen. Die Knochen mit kaltem Wasser ansetzen und zu einer Rinderbrühe verarbeiten. Saubere Gemüse- und Zwiebelschalen können mit dafür verwendet werden, ansonsten etwas Suppengemüse.
Das Fleisch in nicht zu große Würfel schneiden und mit dem in dünne Blättchen geschnittenen, geputzten Knoblauch vermengen. Mit Pfeffer würzen und das Speiseöl zugeben. Nun das Ganze in einer Schüssel gut vermengen und mit Klarsichtfolie verschlossen am besten über Nacht in den Kühlschrank stellen.
Am Tag der Zubereitung den Kessel über dem Feuer anheizen und darin das Schmalz erhitzen. Im Schmalz die nicht zu fein geschnittenen Zwiebelwürfel glasig dünsten. Nun die marinierten Fleischwürfel zufügen, mit Salz würzen. Bei nicht zu starker Hitze das Fleisch im eigenen Saft und mit häufigem Umrühren etwa 20 Minuten anbraten. Kurz vor dem Ende des Anbratens das edelsüße Paprikapulver dazugeben. Es darf keinesfalls anbrennen, da es sonst bitter wird! Also immer wieder gut rühren. Nun die milde und die scharfe Paprikapaste, das Tomatenmark und die Rinderbrühe sowie die Lorbeerblätter und Kräuter nach Geschmack dazugeben und noch einmal alles gründlich miteinander verrühren.
Kessel mit dem Deckel verschließen und das Feuer so steuern, dass der Suppenansatz langsam köchelt. Bevor das Fleisch gar ist und die Zwiebeln zerkocht sind, vergehen mindestens 1 ½ bis 2 Stunden. Immer mal umrühren, damit das Kesselgulasch nicht ansetzt. In der letzten Phase das geputzte, in Würfel geschnittene Gemüse samt Kartoffelwürfeln dazugeben.
Jetzt weitere Rinderbrühe oder Wasser bis zur gewünschten Konsistenz zugeben. Mit gemahlenem Kümmel, Pfeffer und Salz nachschmecken. Mit dem Gemüse muss das Gulasch nochmals 30 Minuten kochen. Auch jetzt das Umrühren und Abschmecken nicht vergessen!

Nach reichlich 3 Stunden ist ein köstliches Kesselgulasch fertig, das 10 hungrige Zuschauer oder Kochgehilfen glücklich machen wird.

Tipp *Wenn keine Kinder mitessen, kann man zum Schluss noch eine Flasche Tokajer angießen.*

Und noch ein Tipp für alle Fälle *„10 waren geladen, 15 sind gekommen, gib weiteren Tokajer zu und heiße alle willkommen!" – es darf natürlich auch Brühe sein!*

Manche Pflanzen sind Plaudertaschen, wenn's ums Wetter geht

Die **wilde Silberdistel** ist eine streng geschützte Pflanze, die uns das Wetter anzeigt und von Juli bis September blüht. Zuchtarten der Silberdistel bekommt man in der Gärtnerei, sie mag es sonnig und öffnet dementsprechend ihre Blüte: Ist die Blüte der Silberdistel geöffnet, kann man mit ein paar Sonnenstunden rechnen. Ist die Blüte dagegen trotz strahlender Sonne geschlossen, zeigt uns die Silberdistel, dass Regen oder sogar Gewitter aufziehen.

Die **Ringelblume** ist den meisten als Heilpflanze bekannt, aber sie kann auch als Wetteranzeiger dienen. Sie registriert nämlich die Luftfeuchtigkeit, sodass sich ihre Blüten bei aufziehendem Regen schließen. Ringelblumen sät man im April auf leicht sandigen Böden, sie mögen es sonnig bis halbschattig. Die Blüten kann man von Juni bis zu den ersten kräftigen Frösten genießen.

Die nächste florale Plaudertasche ist die **Sonnenblume**: Sie heißt nicht nur so, weil ihre Blüten der Sonne ähneln. Sie klappen ihre Blüten nur komplett auf, wenn die Sonne scheint und das auch noch ein paar Stunden so bleiben wird. Will sich die Blüte der Sonnenblume trotz strahlend blauem Himmel nicht so richtig öffnen, zieht meist ein Schauer auf. Sonnenblumen mögen natürlich einen sonnigen Standort und nährstoffreichen Boden.

Wenn dagegen der **Frauenmantel** tagsüber anfängt zu „schwitzen", kündigt sich Regen an: Diese Pflanze scheidet aus winzig kleinen Poren am Blattrand Wassertröpfchen aus - sie sehen aus wie Tautropfen. Das passiert aber am Tage nur, wenn eine Regenfront im Anmarsch ist. Auch nachts bilden sich häufig Tropfen. Der Frauenmantel gehört zu den Rosengewächsen, ist recht anspruchslos, mag jedoch keine extreme Kälte.

Die **Vogelmiere** gilt unter Gärtnern oft als lästiges Unkraut, was bedauerlich ist. Denn sie ist nicht nur ein toller Bodendecker und verhindert Austrocknung und Erosion. Sondern sie zeigt durch ihre weißen Blüten aufkommenden Regen an. Sie mag feuchten, nährstoffreichen Boden und kann übrigens als Salat gegessen werden.

Die Blüten der **wilden Möhre** - sie ist der Vorfahre unserer heutigen Gemüsemöhre - sind vor allem bei Insekten sehr beliebt. Sie wird gern in heimischen Gärten angepflanzt. Bei ihr muss man auf die Samendolden achten: Krümmen sie sich nach innen, droht Regen. Sind sie weit und gerade aufgerichtet, scheint in den nächsten Stunden die Sonne.

Kommen wir als letztes zu den **Tannen** beziehungsweise zu ihren Zapfen. Sie können das ganze Jahr über als Wetteranzeiger genutzt werden. Sind ihre Zapfen weit geöffnet, wird das Wetter in den kommenden Stunden gut. Sind die Tannenzapfen dagegen fest verschlossen, steht unfreundliches Wetter auf dem Programm.

Gebratene Mini-Doraden mit Limette

4 Mini-Doraden
(möglichst frisch, küchenfertig)
bunter Pfeffer
je 4 Zweige Rosmarin und Zitronenthymian
3 EL Olivenöl
Meersalz
2 Limetten

Von den ausgenommenen, gesäuberten und gewaschenen Mini-Doraden die kleinen Seitenflossen abschneiden. Mit buntem Pfeffer innen und außen würzen und in die Bauchhöhle je einen Zweig Thymian und Rosmarin stecken. Mit etwas Olivenöl beträufeln und mindestens 6 Stunden abgedeckt und gekühlt marinieren lassen.
Doraden mit Meersalz bestreuen und auf dem nicht zu heißen Grillrost draußen oder bei schlechtem Wetter drinnen im Backofen bei etwa 150 °C ca. 20 Minuten garen. Vor dem Servieren mit etwas Limettensaft beträufeln. Dazu schmeckt ein kleiner bunter Blattsalat und knuspriges Baguette oder Ciabatta.
Ein unkompliziertes, leichtes Gericht für heiße Sommertage. Bestens für den Grill geeignet.

Tipp *Doraden – auch Goldbrassen genannt – lassen sich wegen ihres festen Fleisches perfekt grillen. Wenn man die Haut auf beiden Seiten zwei bis drei Mal mit einem scharfen Messer einritzt, verkürzt sich die Garzeit. Ein Fisch-Grillkorb ist empfehlenswert. Er erleichtert das Wenden der Fische auf dem Rost. Doraden schmecken köstlich und haben nur wenige Gräten, die sich leicht entfernen lassen.*

Erdbeer-Quark-Knödel mit Rhabarbersauce

4 Portionen

250 g Magerquark
120 g Weizen-Vollkornmehl
1 Ei
80 g weiche Joghurtbutter
2 TL Vanillezucker
1 Ei
750 g große, möglichst runde Erdbeeren
200 g Rhabarber
100 ml Weißwein
50 g Zucker
1 Bio-Zitrone und etwas Abrieb davon
6 Stück Würfelzucker
Salz
20 g gehackte Pistazien

Den Quark möglichst in einem Sieb über Nacht im Kühlschrank gut abtropfen lassen. Dann den trockenen Quark mit dem Vollkornmehl, dem Ei, der Butter, 1 TL Vanillezucker und 1 Prise Salz zu einem glatten Teig verarbeiten. Teig ca. 30 Minuten kalt gestellt ruhen lassen.

Von den gewaschenen und geputzten Erdbeeren 12 möglichst gleich große Exemplare zur Seite legen. Die restlichen Früchte im Mixer fein pürieren. Nun die Rhabarberstücke mit dem Weißwein und 1 TL Vanillezucker zum Kochen bringen. Sind die Rhabarberstücke zerfallen, Erdbeerpüree und Zucker dazugeben. Mit etwas gepresstem Zitronensaft abschmecken und etwa 5 Minuten auf kleiner Flamme köcheln lassen.

Nun den Quarkteig auf einer bemehlten Arbeitsfläche zu einer dicken Rolle formen, in 12 gleich dicke Scheiben schneiden und diese platt drücken. In die großen Erdbeeren je ein halbes Stück Würfelzucker drücken und rundum in Teig einhüllen. Die Knödel im leicht gesalzenen, schwach kochenden Wasser etwa 12 bis 15 Minuten garen. Danach mit dem Schaumlöffel aus dem Wasser nehmen und auf die mit der Rhabarbersauce vorbereiteten Teller setzen. Mit den gehackten Pistazien bestreuen und sofort servieren.

Köstlicher Sommersalat mit Knollenfenchel und Fetakäse

Die geschälten Orangen vierteln und in dünne Scheiben schneiden. Den gewaschenen Knollenfenchel halbieren, den Strunk als Keil herausschneiden und in feine Streifen schneiden. Orangenscheiben und Fenchel mischen, mit Zitronensaft, Pfeffer und Salz marinieren. Nun den Käse fein würfeln, die gewaschenen und geputzten Frühlingszwiebeln in dünne Scheiben schneiden und die Rauke waschen und eventuell etwas klein schneiden.
Die Dressing-Zutaten gut miteinander verrühren und mit Pfeffer und Salz abschmecken. Die Rauke mit den Frühlingszwiebeln mischen und mit dem Dressing marinieren. Auf vier Tellern zuerst das Orangen-Fenchel-Gemisch kreisförmig anrichten, in die Mitte hoch angerichtet die marinierte Rauke, obenauf die Käsewürfel und die halbierten Oliven. Nach Belieben noch mit einigen essbaren Blüten garnieren. Dazu schmeckt frisches Baguette.

Küchentipp für den Sommer *Trotz gründlicher Hygiene können im Sommer schon mal unangenehme Gerüche z.B. im Kühlschrank entstehen. Ein Schälchen mit Natron oder Backpulver am „Tatort" aufgestellt bringt zuverlässig Abhilfe.*

4 Portionen

2 mittelgroße Orangen
1 Fenchelknolle mit Grün
Saft von ½ Zitrone
Salz, Pfeffer
4 Frühlingszwiebeln mit Grün
100 g Fetakäse
40 g Oliven ohne Stein
150 g Rucola

DRESSING
Saft von 1 frisch gepressten Orange
2 EL weißer Balsamico
1 EL Olivenöl
Salz, Pfeffer

Herbst

Der Herbst ist immer unsere beste Zeit – wusste schon Goethe

Für mich persönlich beginnt der Herbst bereits, wenn eigentlich noch Sommer im Kalender steht, denn abgeerntete Stoppelfelder sind für mich das untrügliche Zeichen dafür, dass die dritte Jahreszeit in den Startlöchern steht. Darüber täuschen auch noch mögliche Sommertage mit Temperaturen um die 30 Grad-Marke nicht hinweg. Die Tage sind nun schon spürbar kürzer und die Natur dreht nochmal richtig auf, als wolle sie uns Menschen zeigen, was auf unserer Mutter Erde so alles möglich ist, wenn wir nur sorgsam mit ihr umgehen. Früchte, Beeren und Nüsse reifen in Hülle und Fülle und laden ein, Vorräte anzulegen. Es wird geerntet, was das Zeug hält, bei vielen Menschen hat sich vor allem zur Erntezeit das Gefühl von Dankbarkeit für reiche Erträge, die uns über den Winter bringen, bewahrt.
Nun legen auch die Bäume ihr goldenes Gewand an. Das bunte Blättermeer wird von den noch wärmenden Sonnenstrahlen ins rechte Licht gerückt und zeigt sich in seiner ganzen, die Seele beeindruckenden Pracht. Herbstzeit ist in Wald und Flur auch Pilzzeit. Die Winzer hoffen auf Sonnenunterstützung, um die Oechslegrade noch etwas anzuheben – schließlich zählt am Ende im Glas nur noch die Qualität.
Als Koch begeistern mich im Herbst die wieder so populär gewordenen Kürbisse. Aber natürlich sind nun auch Rübchen in allen Facetten, Waldpilze, allerlei Kohl- und Wurzelgemüse im Überfluss verfügbar. Wer meinen Garten kennt, weiß, dass nun auch der Spargel des Herbstes, der Knollenziest, geerntet wird. Genau wie Topinambur, ein Verwandter der Sonnenblume, sind auch die Knöllchen des Knollenziests winterhart und können noch an frostfreien Wintertagen geerntet werden. Einzige Voraussetzung dafür ist, dass nicht Wühlmaus, Maulwurf oder Hamster den Erntetermin vorgezogen haben. Typisch für den Herbst sind auch die nun vollreifen Beerenfrüchte. Bessere Energiespeicher kann man sich gar nicht vorstellen, zudem schmecken sie auch noch ausgesprochen köstlich. Es lohnt, mit offenen Augen durch die Natur zu gehen, um all die köstlichen Wildfrüchte zu entdecken und zu ernten. Nicht gerade am Straßenrand gepflückt sind Holunderbeeren, Sanddorn, Berberitze, Hagebutte, Schlehe oder Edeleberesche echte Vitamin-Juwelen und ganz gleich, ob frisch oder konserviert verwendet, bereichern sie unseren Ernährungs-Fahrplan quasi zum Nulltarif.
Unser Körper sollte auf die dunkle und kalte Jahreszeit gut vorbereitet sein. Unsere Ernährung in dieser Jahreszeit sollte die körpereigene Serotoninproduktion ankurbeln. Graue, fast undurchdringliche Wolkendecken und Tage ohne einen einzigen Sonnenstrahl fördern die körpereigene Melatoninproduktion – Melancholie

ist die Folge, traurige Stimmung macht sich breit. Aber keine Sorge, gute Laune kann man essen! Der Gegenspieler des Melatonins, das Glückshormon Serotonin, steckt zwar in vielen Südfrüchten wie Ananas, Bananen, Feigen, Papaya. Jedoch wird das Glückshormon nicht über die Nahrung aufgenommen, sondern im Hirn gebildet - ein wichtiger Baustein dafür ist Tryptophan. Gute Tryptophan-Lieferanten sind Käse, Quark und Fisch, Dinkel, Cashewkerne und Paranüsse sowie Eier und Weizenkleie. Und wer einen Gute-Laune-Boost ganz dringend nötig hat, dem sei eine heiße Schokolade empfohlen, mit einer Spur Vanille.

Wir können auch selbst so einiges tun, um den einen oder anderen Arztbesuch zu vermeiden. Mit spürbarer Wetterfühligkeit und mehr oder minder starken Gesundheitsbeeinträchtigungen haben immerhin mehr als ein Drittel aller Menschen zu kämpfen. Ältere sind davon häufiger betroffen als junge Menschen. Der Umstand, dass man im Herbst immer weniger im Freien aktiv ist und insbesondere der zunehmende Lichtmangel fördern Depressionen, Schlaf- und Kreislaufstörungen. Auch Rheumabetroffene leiden ungleich mehr als zu anderen Jahreszeiten. Alte, schon fast vergessene Operationsnarben und Knochenbrüche können sich plötzlich wieder unangenehm in Erinnerung bringen. Sind die Beschwerden zu intensiv, kann man nicht alles aufs Wetter schieben und es ist besser, einen Arzt zu konsultieren. Ansonsten lassen sich mit freudigen Ereignissen, wie es durchaus schon ein besonders köstliches Essen sein kann, Ausgleich und Ablenkung erreichen. Neben der ausgewogenen Ernährung tun körperliche Aktivitäten wie z.B. Bewegung an der frischen, kalten Luft, aber auch ausreichend Schlaf oder Saunabesuche Körper und Seele jetzt gut. Unsere Wetter-Weisheit: Das Wetter muss man wie Verwandte nehmen - aussuchen kann man sie sich beide nicht.

Gotano-Rotkohl

4 Portionen

500 g Rotkohl
2 mittelgroße gepellte Zwiebeln (= ca. 80 g)
2 Lorbeerblätter
4 Nelken
1 säuerlicher Apfel
4 EL Gänseschmalz
1 EL Zucker
3 EL Weißweinessig
Salz, Pfeffer
1 TL Speisestärke
8 cl Gotano-Wermut als heimische Verfeinerung

Vom Rotkohl die äußeren Blätter entfernen und den Strunk keilförmig herausschneiden. Den Kohl in dünne Streifen schneiden. Eine Zwiebel würfeln. Lorbeerblätter und Nelken in die Hälften der zweiten Zwiebel stecken. Apfel schälen, vierteln und entkernen. Anschließend in dünne Scheiben schneiden. Das Gänseschmalz in einem Topf erhitzen. Zwiebelwürfel darin andünsten. Kohl, Äpfel und Zucker zugeben und 5 Minuten unter Rühren mit dünsten. Mit Essig, Salz und Pfeffer würzen. Gewürzzwiebel zugeben und etwa 300 ml Wasser zugießen. Zugedeckt aufkochen und bei mittlerer Hitze 45 bis 60 Minuten schmoren. Die Stärke mit 2 EL Wasser verrühren und in den Kohl rühren. Kohl noch einmal aufkochen lassen und erneut abschmecken, nachdem der Wermut untergerührt wurde. Besonders in der Weihnachtszeit gebe ich noch in feine Würfel geschnittenes Trockenobst dazu.

Kartoffel-Pilz-Auflauf

6 große fest kochende Kartoffeln
500 g frische Waldpilze oder Champignons
2 EL Butter
100 g Frühstücksspeck
4 Eigelb
200 g Créme fraîche
Salz
4 EL gehackte Petersilie

Die Kartoffeln ungeschält 25 Minuten garen, abkühlen lassen, pellen, in Scheiben schneiden. Pilze putzen, klein schneiden, in heißer Butter 15 Minuten dünsten. Kartoffelscheiben und Pilze schichtweise in eine ausgefettete Auflaufform füllen. Speckwürfel darüber verteilen.
Eigelb und Créme fraîche mit etwas Salz verquirlen, über die Pilze und Kartoffeln gießen. Im Backofen bei 220 °C etwa 20 Minuten backen. Mit Petersilie bestreuen. Dazu Blattsalat servieren.

Küchentipps für Waldpilze *Zum Reinigen sollte nur als letztes Mittel Wasser eingesetzt werden. Wasser verändert das feine Pilzaroma und verkürzt die Lagerfähigkeit erheblich. Gute Dienste erfüllen eine Pilzbürste mit kurzen weichen Borsten oder auch Küchenkrepp. Waldpilze immer möglichst schnell verarbeiten. Die Zubereitung sollte nicht in Kupfer- oder Aluminiumgeschirr erfolgen, da sich so schädliche Substanzen bilden können.*

Nusswirsing

4 Portionen

600 g geputzter Wirsing, in feine Streifen geschnitten
50 g Butterschmalz
80 g feine Schalottenwürfel
150 ml Küchensahne
Salz, weißer Pfeffer
geriebene Muskatnuss
150 g gehackte Nüsse (Wal- oder Haselnüsse)

Die gewaschenen Wirsingstreifen möglichst im Dampf etwa 10 bis 12 Minuten bissfest blanchieren. Im erhitzten Butterschmalz die Schalottenwürfel glasig schwitzen. Danach die blanchierten Wirsingstreifen zugeben und gut unterheben. Nun die Küchensahne zugeben und mit Salz, Pfeffer und geriebener Muskatnuss würzen. Den Wirsingansatz etwa 5 bis 7 Minuten auf kleiner Flamme köcheln lassen und immer gut umrühren, bis eine sämige Bindung entsteht. Die gehackten Nüsse in einer trockenen Pfanne kurz rösten und zum Schluss zum Wirsinggemüse geben. Nochmals abschmecken und danach servieren.

Nusswirsing passt zu Wild und Wildgeflügel, aber auch zu allerlei anderem Braten.

Herbstlicher Salat von Birnen, Nüssen und Blauschimmelkäse

4 Portionen

2 reife, aber nicht zu weiche Birnen
etwas frisch gepresster Zitronensaft
80 g Walnusskerne
120 g Blauschimmelkäse
100 g gepellte rote Zwiebeln
200 g Orangenfilets
Saft von 1 frisch gepressten Orange
2 EL Olivenöl
1 EL feingehackte Thymianblättchen
1 EL feine Schnittlauchröllchen

Die Birnen waschen, vierteln, vom Kerngehäuse befreien, in gleichmäßige dünne Scheiben schneiden und mit etwas Zitronensaft beträufeln, damit sie nicht braun werden. Nun die Walnusskerne grob hacken und in einer trockenen Pfanne hellbraun rösten.

Die Teller mit je 4 dekorativen Birnenscheiben belegen, die restlichen Birnenscheiben in eine Schüssel geben und mit dem in Würfel geschnittenen Blauschimmelkäse, den abgekühlten Walnüssen, den in dünne Ringe geschnittenen roten Zwiebeln, den Orangenfilets und den geschnittenen Kräutern mischen und in der Mitte der Teller gefällig arrangieren. Das Olivenöl mit dem frisch gepressten Orangensaft gründlich verrühren und als Dressing über den Salat träufeln. Dazu schmeckt ofenwarmes Baguette.

Tipp *Reife Birnen, Nüsse und Blauschimmelkäse erzeugen eine kulinarisch geniale Harmonie. Mit etwas Küchensahne und ein wenig Granatapfelsaft kann man eine zum „Dahinschmelzen" köstliche Füllung für pikante Crêpes herstellen.*

Wirsingpäckchen mit einer Füllung von Kartoffeln und Esskastanien

für 4 Portionen

400 g Kartoffeln
200 g Esskastanien
1 Bund Lauchzwiebeln
30 g Butterschmalz
Salz, Pfeffer, Muskat
1 kleines Bund Petersilie
75 g geriebener Hartkäse
200 g Schmand
2 EL Semmelmehl
8 große blanchierte Wirsingblätter
¼ l Gemüsebrühe
Biobin (Johannisbrotkernmehl) oder Speisestärke für die Saucenbindung
30 g kalte Butter

Die geschälten Kartoffeln mit einer groben Raspel zu Spänen raspeln, die Esskastanien fein hacken. Die gewaschenen und geputzten Lauchzwiebeln in feine Streifen schneiden. Das Butterschmalz in einer Pfanne schmelzen und die gehackten Maronen darin rösten. Dann die Kartoffelspäne zugeben. Mit Salz, Pfeffer, Muskat nach Geschmack würzen. Dann vom Herd nehmen, die Lauchzwiebeln, die gehackte Petersilie, den Reibekäse, Schmand und das Semmelmehl zugeben und alles gut mischen. Nochmals nachschmecken und die Masse gleichmäßig auf die Wirsingblätter verteilen. Die Wirsingblätter von allen Seiten zu einem Päckchen hochklappen und die entstehenden Päckchen mit Küchengarn binden. Nun das Butterschmalz in einer Pfanne erhitzen, darin die Päckchen von beiden Seiten gut anbraten, sodass sie etwas Farbe nehmen. Dann die Gemüsebrühe angießen und zugedeckt bei geringer Hitze eine reichliche halbe Stunde schmoren. Danach die Päckchen aus dem Fond nehmen und diesen mit dem Johannisbrotkernmehl andicken. Die kalte Butter mit dem Pürierstab oder mit dem Schneebesen unterschlagen und dann die Sauce gegebenenfalls nochmals nachschmecken. Die Päckchen diagonal durchschneiden, gefällig auf den Tellern anrichten und mit der Sauce umkränzen.

Hinweis *Im Gegensatz zu Mehl oder Speisestärke muss Johannisbrotkernmehl nicht mit Wasser oder einer anderen Flüssigkeit angerührt werden und kann unter Rühren trocken zugegeben werden.*

Kleine Apfel-Kartoffel-Kuchen mit Waldfruchtkompott

100 ml Kirschsaft
1 EL Vanillezucker
1 Vanilleschote
400 g gemischte Waldbeeren (evtl. TK)
30 g Speisestärke
2 EL Honig
2 Zweige frische Minze
300 g geschälte Kartoffeln
300 g geschälte Äpfel
3 Eigelb
Salz, Muskat
80 ml Speiseöl zum Braten

Für das Waldfruchtkompott den Kirschsaft mit dem Vanillezucker und der aufgeschlitzten und ausgeschabten Vanilleschote zum Kochen bringen und zum Auslaugen der Schote zur Seite stellen. Nach etwa 10 Minuten die Schotenhülse entfernen und die Waldfrüchte zugeben. Nun das Ganze nochmals zum Kochen bringen und mit der Stärke, die man in etwas vorab zur Seite gestellten kalten Kirschsaft angerührt hat, andicken. Zum Schluss den Honig und die in feine Streifen geschnittenen Minzeblättchen unterrühren und das Kompott erkalten lassen.
Für die kleinen Kuchen die Kartoffeln mit einer feinen Reibe klein reiben, in ein Küchentuch geben und etwas ausdrücken. Die Flüssigkeit auffangen und die enthaltene Stärke absetzen lassen. Die Äpfel mit der gleichen Reibe reiben und zu der Kartoffelmasse geben. Den Kartoffelsaft vorsichtig abgießen und die abgesetzte Stärke zu der Masse geben. Nun die Eigelbe unterrühren und das Ganze mit einer Prise Salz und etwas Muskatabrieb würzen. Sind die Kartoffeln nicht sehr stärkereich, kann man auch einen Esslöffel Weizenmehl dazugeben. Nun das Öl in einer Pfanne erhitzen und aus der Masse mit einem Esslöffel kleine Apfel-Kartoffel-Kuchen – etwa einen Zentimeter dick – in die Pfanne geben und von beiden Seiten goldbraun braten. Danach die kleinen Kuchen aus der Pfanne nehmen und auf Küchenkrepp abtropfen lassen. Noch warm mit dem Waldfruchtkompott servieren.

Stürme und Orkane

Auch wenn der Herbst bei manch einem nicht allzu beliebt ist, so kann er doch wunderschön sein. Die letzten warmen Tage treffen auf bunte Blätter, die die Sonne in warmen Farben leuchten lässt, die Erde riecht würzig und ein bisschen süß und am Morgen liegen feine Nebelbänke über der Landschaft. Mit tiefen Atemzügen die noch wärmende Oktobersonne genießen oder auf freiem Feld mit seinen Kindern und mit großer Begeisterung Drachen steigen lassen – das sind die schönsten Seiten des Herbstes. Aber er kann auch anders, dann zeigt sich der Herbst von der ungemütlichen, nass-grauen und vor allem von seiner stürmischen Seite.

In der dritten Jahreszeit stellt sich die Wetterlage bei uns auf das kalte Halbjahr um, die Tage sind nun schon spürbar kürzer. Tagsüber ist es kühler und vor allem die Nächte werden länger und damit deutlich kälter, am Nordpol beginnt allmählich die Polarnacht. Damit wachsen die Temperaturunterschiede zwischen Äquator und Nordpol: Am Äquator gibt es das ganze Jahr über Temperaturen um 30 Grad, am Nordpol wird es dagegen im Winter mit Temperaturen um minus 40 Grad recht frisch. Somit ist der Temperaturunterschied zwischen Pol und Äquator deutlich höher als im Sommer und liegt bei teils 70 Grad. Doch wie schon beschrieben – liebt die Natur das Gleichgewicht und möchte es überall gleich warm haben. Deshalb kommt nun der Wind ins Spiel, er versucht, die warme Luft vom Äquator nach Norden zu pusten und die kalte Luft vom Pol zum Äquator zu transportieren. Je größer die Temperaturunterschiede, desto stärker ist der Wind – deshalb gibt es vor allem in den kalten Jahreszeiten, im Herbst und Winter – die heftigsten Stürme bei uns. Wenn Windspitzen über 118 km/h erreicht werden, sprechen Meteorologen von einem Orkan und dann kann es wirklich gefährlich werden. Denken Sie an das Orkantief „Kyrill" im Januar 2008 oder an „Friederike" auf den Tag genau 10 Jahre später 2018 – da fielen Bäume wie Streichhölzer um, ganze Dächer flogen durch die Gegend und auch Menschen starben. Der Wind hat eine enorme Kraft und darf nicht unterschätzt werden, sammelt er sich, wird aus ihm eine für den Menschen sehr gefährliche Naturgewalt. Bei aufziehenden Orkantiefs ist es am besten, einfach zu Haus zu bleiben, da ist man am sichersten.

Weht hingegen kein Lüftchen und der Herbst zeigt sich von seiner stillen Seite, hat sich ein kräftiges Hochdruckgebiet über uns gelegt. Das bedeutet im Gegensatz zum Sommer nicht immer eitel Sonnenschein, es kann auch zu Nebel, Hochnebel und unangenehmem Sprühregen führen. Die Sonne steht an den kürzeren Tagen nicht mehr so hoch am Himmel und hat weniger Kraft, oft schafft sie es nun nicht mehr, die feuchte Luft der Nacht mit ihrer Wärme aufzulösen. Dann haben wir ganztags graues, trübes Wetter, obwohl das Barometer hohen Luftdruck und Sonne anzeigt.

Herbstliche Bauernregeln – Wie wird der Winter werden?

Meteorologisch gesehen ist der September bereits ein Herbstmonat, aber da gibt es ja noch den „Altweibersommer“. Mit zuverlässiger Regelmäßigkeit stellt sich dann noch einmal spätsommerliches Wetter mit viel Sonne und vor allem einem phantastischen Licht für erste Herbstlaubfärbungen ein. In Amerika spricht man auch vom „Indian Summer“.

„Wie der September beginnt, so hält sich das Wetter den ganzen Monat!“ Erstaunlicherweise stimmt diese Bauernweisheit in Bezug auf den Niederschlag sehr gut: Wenn es Anfang September trocken ist, bleibt meist auch der Rest des Monats zu 80 Prozent trocken.

„Ist der September lind, wird der Winter ein Kind!“ Diese Bauernregel wagt zwar einen sehr weiten Blick in die Zukunft, stimmt aber ebenfalls erstaunlich oft. Ist der September deutlich zu warm, wird der Winter im Vergleich zum Durchschnitt recht häufig mild. Vor allem der Februar fällt mit einer Wahrscheinlichkeit von über 80 Prozent zu warm aus.

„Ist der Oktober warm und fein, kommt ein scharfer Winter drein. Ist er aber nass und kühl, mild der Winter werden will!"
Diese Bauernregel trifft recht häufig zu: Nach einem schönen Altweibersommer gibt es oft einen harten Winter. Dabei muss der Oktober aber nicht nur zu warm, sondern auch zu trocken ausfallen. Wenn beides der Fall ist, gibt es fast immer einen zu kalten Januar und in zwei von drei Fällen auch noch einen zu kalten Februar. Ist dagegen der Oktober zu kalt, folgt in zwei von drei Jahren ein zu milder Januar und in drei von vier Fällen ein schon fast frühlingshafter Februar.

Auch die Bauernregel: „November sternenklar, wird bald den Frost gewahr!" stimmt sehr häufig.
Im November sind die Nächte schon deutlich länger als die Tage, Ende des Monats schon 15 Stunden lang. Wenn nun die Luft trocken ist, sieht man die Sterne, das begünstigt die Auskühlung stark und teils werden schon zweistellige Minusgrade erreicht. Gibt es dagegen Wolken am Himmel, schützen diese vor dem Auskühlen und es bleibt deutlich milder.

Unsere herbstliche Binsenweisheit: „Steht im Spätherbst noch das Korn, ist es wohl vergessen wor'n."

Herbstliche Wolkenkunde

Cirrostratus - Schleierwolken

Sie befinden sich zwischen 6 und 10 Kilometern Höhe und sind hohe Schleier aus Eiskristallen, die entstehen, wenn große Luftmassen langsam emporsteigen. Meist sind sie Vorboten einer Warmfront, in den kommenden 48 Stunden gibt es wahrscheinlich Regen. Ganz dünnen Cirrostratus bemerkt man kaum, der Himmel ist nicht ganz blau, aber das Wetter ist meist schön. Wenn sich diese hohen Schichtwolken allerdings verdichten, kommt weniger Sonnenlicht auf der Erdoberfläche an und es wird kälter.

Altostratus - Schichtwolken

Ein Blick in den herbstlichen Himmel und Sie wissen, warum der November als trister Monat gilt: Die Sonne kommt den ganzen Tag über nicht raus, sie hängt fest hinter einer mehr oder weniger dunklen, jedoch stabilen Wolkenschicht, im Volksmund auch gern „graue Suppe" genannt. Hierbei handelt es sich im Fachjargon um eine Schichtwolke, die auch Altostratus genannt wird. Diese hohen Schichtwolken befinden sich zwischen 3 und 6 Kilometern Höhe. Sie kündigen meist schlechtes Wetter an und entstehen, wenn große Luftpakete langsam angehoben werden. Das passiert in Warmfronten. Senkt sich die Luftmasse des Altostratus immer weiter, wandelt sie sich dann irgendwann zu einer Regenschichtwolke namens Nimbostratus um. Dann kann es zu langanhaltendem Dauerregen, auch Landregen genannt, kommen.

Nimbostratus - Regenschichtwolken

Jetzt wird's nass! Beim Nimbostratus sprechen wir von einer Regenschichtwolke oder Schneeschichtwolke, die keine Sonne durchscheinen lässt und zum Teil 100 Kilometer Durchmesser haben kann. Sie befindet sich meist in 2 bis 5 Kilometern Höhe und kann langanhaltenden Regen oder Schneefall bringen, vereinzelt auch tagelang. Wenn es allmählich heller wird oder dann und wann Löcher in der Wolkendecke zu finden sind, besteht Hoffnung auf besseres Wetter.

Wie entstehen Morgen- und Abendrot?

„Abendrot - Gutwetterbot, Morgenrot mit Regen droht": Jeder kennt diese Bauernregel. Doch stimmt sie überhaupt? In Deutschland ist da wirklich etwas dran, denn dort kommt das Wetter meist aus Westen. Haben wir ein schönes

Morgenrot, sind im Osten nur wenige Wolken. Von Westen ziehen allerdings erste Wolken auf - die dann von der Sonne in rot und orange angestrahlt werden, ein faszinierender Sonnenaufgang präsentiert sich. Da das Wetter in Deutschland aber meist von Westen kommt, zieht es sich im Tagesverlauf mehr und mehr zu und über den Tag wird das Wetter schlechter. Wenn die Sonne morgens also noch vielversprechend aufgeht, wir aber gerade Westwind haben, bringt das meist leider eine Wetterverschlechterung.

Abends wiederum dreht sich der Schauplatz gen Westen. Dort geht die Sonne unter, folglich muss es für ein Abendrot im Westen klar sein, im Osten allerdings müssen noch ein paar Wolken abziehen. Herrscht wieder Westwind, steigen die Chancen auf einen klaren Sternenhimmel und am nächsten Tag gutes Wetter.

Aber wie entstehen nun Morgen- und Abendrot? Illustriert wird die Sonne gern mit weißlich-gelben Strahlen vor einem blauen Hintergrund. Das sichtbare Licht der Sonne hat natürlich nicht nur die Farben Weiß und Gelb, sondern besteht aus einem Spektrum von Blau-Violett bis Rot. Zwischen Violett und Rot liegen die Farben Indigo, Blau, Grün, Gelb und Orange - also die Regenbogenfarben. In der Atmosphäre befinden sich viele kleine Teilchen - Luftteilchen, Staubteilchen und winzige Wassertröpfchen. An ihnen werden die Sonnenstrahlen reflektiert oder gebrochen - also in eine andere Richtung abgelenkt. Dabei werden die unterschiedlichen Farbanteile mit ihren unterschiedlichen Wellenlängen verschieden stark abgelenkt. Morgens und abends muss das Sonnenlicht einen weiten Weg durch den unteren Teil der Atmosphäre nehmen. Wenn hier besonders viel Feuchtigkeit und Staub vorhanden sind, wird vor allem der Rot- und Gelbanteil des Sonnenlichts reflektiert. Der blaue Anteil dagegen wird herausgefiltert, verschluckt. Das heißt, vor allem wenn viele Staub- und Wassertröpfchen in der Luft schweben, werden die Sonnenauf- und -untergänge besonders spektakulär. Jetzt im Herbst gibt es viele, wunderschöne Momente mit phantastischem Licht bei uns, in denen man mit der Kamera bewaffnet nochmal die letzten Sonnenstrahlen der warmen Jahreszeit einfangen kann.

Gartenwissen für den Herbst

Laub ist ein wirkungsvoller Frostschutz für Pflanzen, die überwintern können und sollen, es schützt die Pflanzen vor Austrocknung und fördert die Humusbildung. Deshalb nicht immer aus falschem Sauberkeitsstreben alles Laub entfernen!

Verholzende Kräuter wie Thymian, Salbei oder auch Lavendel benötigen ihr Blattwerk für die Überwinterung. Man schneidet sie erst im Frühling zurück. Fürs nächste Gartenjahr sollten im Herbst schon Schnittlauch, Etagenzwiebel, Winterzwiebel, Schnittknoblauch und Winterknoblauch gepflanzt werden.

Richtet sich das Wetter nach dem Mond und wie gut sind Wettervorhersagen?

Immer wieder höre ich, dass Leute ihren Urlaub nach den Mondphasen planen. Sie haben die Erfahrung gemacht, dass nur bei zunehmendem Mond das Urlaubswetter perfekt war, wenn dagegen der Mond abnahm, gab es eher durchwachsenes Wetter.

Es mag ja sein, dass bei bestimmten Mondphasen der Haarschnitt „besser" gelingt und eine Tatsache ist, dass sich Ebbe und Flut nach dem Mond richten, aber das Wetter hat wirklich nichts mit dem Mond zu tun. Überall auf der Erde ist zur gleichen Zeit Vollmond: So müsste sich ja in China, Leipzig, an der Antarktis und auf den Seychellen genau dann das Wetter ändern. Das stimmt natürlich nicht, das Wetter wird in unserer Atmosphäre gemacht und die ist ein chaotisches System und macht mitunter Sachen anders, als wir Meteorologen uns das denken, aber der Mond hilft uns dabei ganz sicher nicht. Allerdings stimmt es, dass ein Flügelschlag eines Schmetterlings in Brasilien letztendlich Schuld an einem Tornado in Texas sein kann. Kleine Effekte einer Anfangssituation verursachen durch das chaotische Verhalten der Atmosphäre und viele Kettenreaktionen große Wirkung. Deshalb können wir Wetterfrösche auch keine realistischen Mittel- und Langzeitprognosen machen – es gibt immer Differenzen zwischen der Realität und den Modellrechnungen. Computer können das wahre Leben nicht in jedem Detail darstellen und somit kann man auch nicht zuverlässig durch Computer weit in die Zukunft schauen. Vorhersagen bei bestimmten Wetterlagen von beispielsweise vier Tagen sind gut, solange es sich nicht um Gewitterwetterlagen oder Inversionen handelt. Längerfristige Vorhersagen sind deshalb nicht als seriöse Prognose zu betrachten.

Weshalb selbst der Jäger „ganz wild" auf den Wetterbericht ist

Jäger legen tatsächlich sehr großen Wert auf einen perfekten Wetterbericht und zwar nicht nur, um zu erfahren, ob sie das sprichwörtliche „Sauwetter" erwartet. Von erfahrenen Jägern erfährt man immer wieder, dass das Wetter für eine erfolgreiche Jagd mindestens so wichtig ist wie die richtige Ausrüstung. Wenn das Jagdgebiet vom Wohnort recht weit entfernt liegt, beginnt bei der Beurteilung des Wetters bereits die Entscheidung, ob es sich lohnt, überhaupt den Weg anzutreten. Das betrifft hauptsächlich die Einzeljagd. Geht der Jäger in Gesellschaft – also mit anderen Jägern gemeinsam – auf die Pirsch, wird das Wetter meist vor Ort analysiert und Entscheidungen werden getroffen. Grundsätzlich sollte der Jäger bei Sturm und starkem Wind den Wald nicht betreten. Dabei geht es insbesondere um seine eigene Gesundheit. Das Wild hat aber auch sehr unterschiedliche

Gewohnheiten in den verschiedenen Wettersituationen. Während Wildschweine ihr „Sauwetter" durchaus mögen, hält sich Rehwild bei Regen meist in der Deckung und man bekommt es selten zu sehen. Hört der Regen auf, dann sind die Rehe aber auf den Läufen. Ist ein richtiges Gewitter im Anmarsch, dann zieht sich generell das Wild in die Deckung. Tiere sind in dieser Hinsicht noch feinfühliger als wir Menschen. Die Beurteilung der Windrichtung ist für den Jäger äußerst wichtig, um beim Wild unerkannt zu bleiben. Jeder Jäger hat seine Mittel, um die Windrichtung zu bestimmen. Mitunter wird da wohl sogar Seifenlauge aus dem Rucksack geholt, um mit Seifenblasen den Windzug zu ermitteln.

Alle Tricks erfährt man als Nicht-Jäger natürlich nicht, aber bekannt dürfte sein, dass das Wild im Schutz der Dämmerung aus dem Unterstand heraustritt. Sonnenauf- und Sonnenuntergang sowie die Bewölkung zählen also auch zu den ganz wichtigen Angaben. Und nicht zuletzt gibt der Mondschein dem Jäger ganz wichtige Informationen über vermeintlichen Erfolg oder Misserfolg seiner Jagd. Dem Regen ähnlich verhält sich das Wild auch bei Mondschein sehr unterschiedlich. Wildschweine mögen die Helligkeit des Vollmondes, wenn dann das Revier noch mit Schnee bedeckt ist, sind sie oft hyperaktiv. Der schlaue Gevatter Fuchs hingegen scheut die nächtliche Helligkeit bei Vollmond. Ihm stellt man am besten bei zunehmendem Mond nach. Die kleine Betrachtung zum Thema Wetter und Jagd kann natürlich nur unvollständig sein. Sie zeigt uns aber, wie bedeutungsvoll Wettervorhersagen beispielsweise für den Jäger sind und wie feinfühlig die Tiere auf das Wetter reagieren. Der Erfolg des Jägers liegt natürlich auch jedem Koch sehr am Herzen, denn Wildgerichte gehören zu den ganz besonderen kulinarischen Genüssen in unseren Breiten. Wildfleisch ist außerdem sehr gesund. Es ist besonders reich an wertvollen Eiweißen und der geringe Fettanteil kommt der Figur zugute. Hier nun zwei Rezeptideen zum Thema Wild.

Rehkeule in Rosé-Weinsauce

4 Portionen

1 kg parierte Rehkeule ohne Knochen
2 EL Rapsöl
1 Zweig Rosmarin
400 ml Wildfond
100 ml Roséwein
1 TL Zitronensaft
2 EL Tomatenmark
100 g Frühstücksspeck
100 g gepellte Zwiebel
100 g braune Champignons
Salz, Pfeffer

Die gesäuberte, parierte Rehkeule rundum mit dem Öl benetzen und mit Pfeffer würzen. Zusammen mit dem Rosmarinzweig zugedeckt einen Tag marinieren und dabei im Kühlschrank aufbewahren. Am Tag der Zubereitung das Fleisch noch salzen und in einer Pfanne rundum gut anbraten. In einem Bräter den Wildfond, den Roséwein, den frisch gepressten Zitronensaft und das Tomatenmark miteinander verrühren und die angebratene Rehkeule hineinlegen. Die Rehkeule im Bräter mit den dünnen Scheiben vom Frühstücksspeck belegen, damit sie beim Braten nicht austrocknet. Die gepellten Zwiebeln würfeln, die gesäuberten Pilze vierteln. Beides miteinander vermengen und um die Keule legen. Nun den Bräter mit dem Deckel schließen und im vorgeheizten Backofen bei 180 °C rund 1 ½ Stunden schmoren lassen. Das gegarte Fleisch in fingerdicke Scheiben gegen die Faser schneiden und mit dem Bratfond, der meist schon die richtige Konsistenz besitzt, anrichten.

Achtung *Die Garzeiten können variieren, da meist das Alter der Tiere nicht bekannt ist.*

Hasenrücken mit Schinkenwürfeln im Wirsingblatt gegart, dazu gebratene Kloßteigtaler

4 Portionen

8 große Wirsingblätter
120 g Würfel vom Katenschinken
4 EL Speiseöl
80 g Schalottenwürfel
2 EL Crème fraîche
Salz, Pfeffer, Muskat
500 g Hasenrückenfilets
100 ml Gemüsebrühe
50 ml Wildfond
etwas Speisestärke
100 g geschälte, mehligkochende Kartoffeln
300 g geschälte, geriebene und trocken geschleuderte Kartoffeln
2 EL Butterschmalz

Die Wirsingblätter wie für Kohlrouladen blanchieren – vier Blätter bleiben ganz, die anderen durch die grobe Scheibe des Fleischwolfes drehen oder ganz fein schneiden. Die Schinkenwürfel in der Hälfte vom Speiseöl anbraten und leicht Farbe nehmen lassen, die Schalottenwürfel zugeben und mit andünsten. Nun den zerkleinerten Wirsing zugeben und mit der Crème fraîche alles binden. Mit Salz, Pfeffer und etwas geriebener Muskatnuss würzen. Im restlichen Speiseöl die Hasenfilets kurz und kräftig anbraten und mit Pfeffer und Salz würzen. Jeweils zwei Wirsingblätter überlappt zusammenlegen. Darauf gibt man etwas von der Wirsing-Schinkenmasse und legt die Hasenfilets darauf. Diese wiederum mit der restlichen Schinken-Wirsingmasse rundum belegen. Nun die Wirsingblätter fest um das Fleisch mit der Füllung wickeln und mit der „Naht" nach unten in eine feuerfeste Form legen. Die Gemüsebrühe und den Wildfond angießen und bei 180 °C im Backofen etwa 15 Minuten garen. Danach das Ganze im ausgeschalteten Ofen noch etwa 5 Minuten ruhen lassen. Den Fond mit etwas Stärke leicht binden.

Die mehlig kochenden Kartoffeln garen und mit dem Pürierstab fein pürieren. Die geriebene Masse von den rohen Kartoffeln leicht salzen und mit der kochenden Masse übergießen. Kräftig rühren, bis die Masse gut verkleistert. Die Masse noch heiß mit dem Rollholz gleichmäßig fingerdick ausrollen und mit einem Ausstecher Taler mit etwa 5 cm Durchmesser ausstechen. Diese dann im Butterschmalz goldbraun braten. Die Taler sind eine schmackhafte Beilage zum Hasenrücken im Wirsingblatt.

Die gefüllten Rouladen schräg anschneiden, mit etwas leicht gebundenem Fond saucieren und mit den gebratenen Kloßteigtalern anrichten.

Herbstliches Kartoffel-Fenchelsüppchen mit Lachs

für 4 Portionen

150 g Fenchelknolle mit Grün
200 g geschälte Kartoffeln
30 g Speiseöl
20 g Butter
1 Knoblauchzehe
½ l Gemüsebrühe
100 ml Weißwein
150 ml Küchensahne
300 g Lachsfilet
2 TL frisch gepresster Zitronensaft
1 TL weißer Balsamicoessig
Salz, Pfeffer

Die geputzte Fenchelknolle in feine Streifen schneiden. Das Fenchelgrün beiseitelegen. Die geschälten Kartoffeln in kleine Würfel schneiden. Die Butter mit dem Öl erhitzen und Fenchelstreifen sowie Kartoffelwürfel darin glasig schwitzen. Nach Geschmack zerriebenen oder zerdrückten Knoblauch zugeben und mit der Gemüsebrühe, dem Wein und der Küchensahne auffüllen. Mit Salz und Pfeffer würzen und bei reduzierter Hitze etwa 25 Minuten kochen lassen. In der Zwischenzeit den Lachs mit einem scharfen Messer in nicht zu dicke Scheiben in gefälliger Größe schneiden. Mit Zitronensaft und Pfeffer marinieren und zugedeckt bis zum Anrichten der Suppe ruhen lassen. Die Suppe mit dem Mixaufsatz fein pürieren, mit Salz und Pfeffer sowie etwas Balsamicoessig abschmecken und nochmals kurz erhitzen. Die Lachsscheiben auf die vorgewärmten Suppenteller legen, mit der heißen Suppe übergießen und mit dem fein gehackten Fenchelkraut bestreuen. Die Suppe sofort zu Tisch bringen.

Die etwas andere, fruchtige Martinsgans

für 4–6 Personen

1 küchenfertige Gans (ca. 4 kg)
½ Zitrone
Salz, Pfeffer aus der Mühle
2 vom Kerngehäuse befreite Äpfel
2 mittelgroße gepellte Zwiebeln
150 g Backpflaumen ohne Stein
2 EL gerebelter Beifuß
etwas Johannisbrotkernmehl

Die gewaschene und wieder gut abgetrocknete Gans zuerst mit der Schnittfläche der halben Zitrone innen und außen gut ausreiben und dabei die Zitrone leicht drücken. Nun die Gans innen mit Salz und Pfeffer kräftig würzen. Die vorbereiteten Äpfel und Zwiebeln in grobe Würfel schneiden. Die Backpflaumen in kleinere Würfel schneiden und zu den Apfel- und Zwiebelwürfeln geben. Den Beifuß darüber streuen und das Ganze gut miteinander vermischen. Mit dieser Mischung die Gans füllen und die Bauchöffnung mit einigen Holz-Zahnstochern verschließen. Natürlich kann man die Öffnung auch mit Küchengarn zunähen. Die Halshaut auf den Gänserücken zurückschlagen und ebenfalls mit einem Holz-Zahnstocher feststecken.
Nun den Backofen auf der unteren Schiene mit einem tiefen Blech und eine Ebene darüber mit einem Gitter bestücken, dann auf 160 °C vorheizen. Wenn die Temperatur erreicht ist, die vorbereitete Gans auf das Gitter legen und den Backofen schließen.
Pro Kilogramm Gansgewicht sollte man etwa 45 Minuten zum Garen der Martinsgans planen. Den Garpunkt durch Einstechen mit einem spitzen Messer in die Keule überprüfen. Ist der austretende Saft noch rosa, eine Viertelstunde weiter garen. Wenn der Saft gelblich ist, den Ofen ausschalten und den Gänsebraten noch eine Viertelstunde darin ruhen lassen. Dann den Braten zum Tranchieren herausnehmen. Da die Gansfüllung fettgetränkt ist, kann sie getrost entsorgt werden.
Den Gänsefond aus dem tiefen Blech in eine Kasserolle füllen, mit einer Kelle vom Fett befreien und mit Johannisbrotkernmehl leicht binden. Fond mit Pfeffer und Salz abschmecken und separat in einer Sauciere dazu reichen.
Zur Martinsgans auf diese Art zubereitet empfehle ich als Thüringer natürlich Thüringer Klöße. In Deutschlands Norden isst man aber auch gerne karamellisierte Pellkartöffelchen dazu. Klassisches Rotkohlgemüse und mit Backpflaumen gefüllte Schmoräpfel sind immer eine schmackhafte Beilage.

Kartoffel-Thymian-Blini

400 g mehlig kochende Kartoffeln
1 EL Crème fraîche
50 ml Sahne
3 Eigelb
20 g Speisestärke
30 g Weizenmehl
frischer Thymian nach Geschmack
etwas abgeriebene Schale von 1 Bio-Zitrone
Salz, weißer Pfeffer
Speiseöl oder Butterschmalz zum Braten

Die geschälten Kartoffeln als Salzkartoffeln kochen, gut abdämpfen und durch die Kartoffelpresse quetschen. Alle Zutaten zugeben, zum Schluss den abgestreiften und gehackten Thymian und die geriebene Zitronenschale. Alles gut mit dem Schneebesen verrühren. Jeweils einen Esslöffel der Masse zu einem kleinen Plätzchen rund formen und im heißen Butterschmalz oder Speiseöl von beiden Seiten in der Pfanne bei mittlerer Hitze goldbraun braten. Je nach ihrer Größe rechnet man 3 bis 4 Blinis pro Person. Blinis schmecken zu Räucherlachs und Sour Cream oder einem anderen pikanten Dip. Sie sind auch eine leckere Beilage zu Fleisch- und Fischgerichten.

Tipp *Im Herbst oder in der kalten Jahreszeit zu den Blinis ein Stück ausgelöste, knusprig gebratene Schweinshaxe, Wild oder gebratenes Wildgeflügel servieren.*

Übrigens *Blini, Bliny oder Plinsen gehören zu den ältesten Mehlgerichten und bereits bei den alten Slawen der vorchristlichen Zeit hatten sie eine ganz besondere Bedeutung. Wegen ihrer runden Form galten sie als Symbol der Sonne.*

Winter

Die kälteste und dunkelste Zeit des Jahres

Als Kind liebte ich den Schnee, das Rodeln, Schlittschuh laufen und Schneemänner bauen. Hatte es geschneit, war es auf den Straßen plötzlich leise, die Welt schien wie in Watte gepackt und alles ging etwas langsamer vonstatten. Bisweilen ging auch mal gar nichts. Obwohl nur wenig Schnee gefallen war, herrschte schon mal Ausnahmezustand, zum Beispiel, wenn die Schule ausfiel. Helle Freude bei den Kindern, lange Gesichter bei den Erwachsenen. So etwas liebt man als Kind, die Aussicht auf einen ganzen Tag mit Schlitten, Schnee und nassen Handschuhen wirkt auf Kinder aller Generationen geradezu magisch. Der Rattenschwanz an Problemen und Problemchen, die mit so einem Wintereinbruch manchmal verbunden sind, bleibt an den Erwachsenen hängen. Das ist auch gut so; wenn ich heute die strahlenden Augen meiner Kinder sehe, die sich ihre Nasen an der Fensterscheibe plattdrücken und begeistert „Oh, es schneit!“ rufen, vergesse ich für einen Moment die Familienlogistik und freue mich einfach mit. Der Winter hat seine schönen, stillen und frohen Seiten. Er ist die Zeit des Rückzugs und der Besinnlichkeit, die Zeit der Einkehr, der Ruhe und der roten Wangen nach einem langen, eisigen Spaziergang durch die Stille der eingefrorenen Natur. Für meinen Geschmack könnte diese Jahreszeit allerdings etwas kürzer sein, von Jahr zu Jahr hält sich meine Begeisterung über den Winter mehr in Grenzen, was wohl daran liegt, dass die schöne Schneeromantik oft anderen Regionen vorbehalten bleibt.

Der deutsche Winter ist eine dunkle und kalte Jahreszeit: Wir sind auf der Erdhälfte, die von der Sonne weggedreht ist und das wird uns bewusst durch fühlbar weniger Wärme und Licht. Die Sonne steht während des hiesigen Winters tiefer am Horizont und hat nur wenig Kraft. Das macht sich natürlich in der Natur, in Flora und Fauna bemerkbar, das Leben läuft auf Sparflamme. Auch unser Körper wird nun langsamer und träger und ist nicht so leistungsfähig wie im Sommer. Das Sonnen-Vitamin D und Energie fehlen, durch die Kälte ist das Immunsystem mit Warmhalten des Körpers beschäftigt und die eine oder andere Erkältung legt uns flach.

Es gibt typische Wetterlagen hier in Mitteleuropa im Winter. Zum einen ist das die West-/Südwestlage. Dabei befindet sich ein Hoch über Südosteuropa und ein Tief über den Britischen Inseln. In der Folge ist es meist mild, schmuddelig und windig, übrigens typisch für die Weihnachtszeit. In unseren Breiten sind die meteorologischen Bedingungen für weiße Weihnachten statistisch gesehen eher

schlecht. In sieben von zehn Jahren tritt zwischen dem 24. und 29. Dezember sogenanntes Weihnachtstauwetter nach einer ersten Frostperiode ein – also eine sehr verlässliche Wettersingularität.
Dann gibt es im Winter noch die Nordost-Ostlage. Sie würde das Bilderbuch-Weihnachtswetter bringen: Ein Hoch über Skandinavien schaufelt kalte Luft aus Osten zu uns. Wenn sich dann aus Südosten noch ein Tief einschmuggelt, sind die Bedingungen für Schneefall und Kälte für ein paar Tage perfekt. In den meisten

Wintern gibt es diese Wetterlage aber höchstens ein Mal. Meist haben wir es mit einer Nordlage zu tun, das bedeutet: ein Tief im Osten, ein Hoch im Westen. Je nachdem, ob der Wind dann aus Nordost oder Nordwest kommt, schneit oder regnet es vorübergehend. Wenn es schneit, dann oft nur für ein paar Stunden, schon kurze Zeit später taut alles wieder und es ist schlammig draußen – das Wetter, das Hundebesitzer überhaupt nicht mögen und auch allen anderen als graues, nass-kaltes, ungemütliches Winterwetter bekannt ist. Zum Glück recht selten gibt es dann noch die Grenzwetterlagen, bei denen Eisregen entsteht, in den Medien immer gern als „Blitzeis" bezeichnet. Wenn ein Tiefdruckgebiet auf eine kalte Luftmasse trifft, kann sich vorübergehend gefrierender Regen bilden. Oder es regnet, die Regentropfen fallen jedoch auf gefrorenen Boden, auch dann ist es zeitweilig extrem glatt und kreuzgefährlich.

Die kalte Jahreszeit und das Wetter wirken sich aber auch auf unsere Ernährung aus. Wir essen nun fettiger und wärmer als sonst, der unbeliebte Winterspeck baut sich nach und nach auf. Früher sollte er uns schützen, heute schützen wir uns vor ihm - weil wir es uns leisten können. Die Lust auf reichhaltige Winterkost an kalten, dunklen Tagen führt aber nicht nur zu einer Gewichtszunahme. Durch den häufigen Verzehr von Fleisch, vor allem zu den Festtagen, übersäuert der Körper. Er verdaut Fleisch sehr viel schwerer als pflanzliche Nahrung, auch fehlen alkalische Elektrolyte wie Natrium und Kalzium. Der dadurch erhöhte Säuregrad macht müde und schlapp. Achten Sie also auf eine ausreichende Zufuhr an Elektrolyten, nehmen Sie viele Vitamine zu sich und nutzen Sie jeden sonnigen Tag für einen Spaziergang, um Ihre Vitamin D-Speicher wieder aufzufüllen, das ist gut für die Knochen und fürs Gemüt. Dann hat der Winterblues keine Chance und der Zeiger auf der Waage kennt auf diese Weise auch nicht nur eine Richtung, nämlich rechts. Die im Winter angefutterten Kilos verschwinden selten von allein, spätestens im Frühjahr bereuen viele „Backenhörnchen-Ernährungstypen" die Völlerei oder finden sich von Jahr zu Jahr mit mehr Kilos ab.

Eistage

In unseren Breiten gibt es zum Glück nicht viele von ihnen, aber ab und zu kommen sie doch vor und man fühlt sich wie in Sibirien: bitterkalte Eistage. Meteorologisch bedeuten sie, dass die Temperatur ganztags unter null Grad liegt, es herrscht durchweg Frost. Häufig passiert das bei Ostwind und Hochdruckeinfluss. Wenn dann noch ein böiger Wind weht, wird es wirklich unangenehm und die sogenannte „Windchill-Temperatur" kommt ins Spiel, die gefühlte Temperatur. Dass diese an windigen Wintertagen eisiger scheint, als die tatsächliche Temperatur ist, liegt daran, dass der Wind die dünne Luftschicht direkt über unserer Haut wegbläst, die uns sonst als schmales Polster wärmt. Somit fühlen sich für uns die Temperaturen eisiger an, als das Thermometer anzeigt.
Nachts können die Temperaturen bei Ostwetterlagen und sternenklarem Himmel, einer Schneedecke und Windstille locker auf minus 10 bis minus 20 Grad absacken. In Hochtälern sammelt sich dann die schwere kalte Luft und kann extreme Kälte bringen. In Funtensee in Bayern, das liegt auf 1600 Metern, wurden schon mal minus 45 Grad gemessen.
Manchmal gibt es verbreitet über Tage hinweg Dauerfrost. Jetzt sind witterungsgerechte Kleidung und würzige und wärmende Getränke angesagt, Ausdauersport an der frischen Luft sollte man der Gesundheit zuliebe vorübergehend besser meiden. Neben den Eistagen gibt es noch Frosttage. Das bedeutet, dass an solchen Tagen das Minimum der Temperatur unter null Grad Celsius sinkt.

Winterliche Bauernregeln

Wenn im Dezember noch essbare Pilze wachsen,
so haben wir einen langen Winter zu erwarten.

„Der Januar muss vor Kälte knacken, dann ist ein schöner Frühling zu erwarten."
„Wenig Schnee - viel Wasser. Viel Schnee - wenig Wasser."
Wenn es im Winter wenig Schnee gibt, dann ist es richtig kalt und der Boden lange und tief gefroren. Wenn es dann im Frühling regnet, sickert das Wasser nicht in den Boden, da er noch gefroren ist und es kommt zum Teil zu Überschwemmungen. Bringt der Winter dagegen viel Schnee, liegen die Temperaturen meist um den Gefrierpunkt, der Boden ist nicht gefroren. Das Wasser kann im Frühjahr einsickern: wenig Wasser.

„Wenn es in der Lichtmess-Woche (2. Februar) stürmt und tobt, der Bauer dieses Wetter lobt."

Kälte und Schnee kommen meist aus dem Norden, Wind und damit auch Sturm aus dem Westen. Die Atlantikluft bringt Tauwetter und der Bauer freut sich, dass es endlich milder wird und er bald seine Felder bestellen kann.

Märzwinter: Wenn die Wintermonate eher mild waren und man denkt, man hat den Winter bald hinter sich, dann muss man meist im März noch einmal mit einem heftigen Spätwintereinbruch inklusive Frost und Schneefällen rechnen. Vor allem 2013 und 2018 hielt sich dieser Märzwinter zäh, brachte Schnee und Kälte teils auch noch zu Ostern. Die Vegetation reagiert darauf meist mit einer Entwicklungsverzögerung von ein bis zwei Wochen.

Winterliches Gartenwissen

Die Christrose als Langzeitmeteorologin

Die Christrose galt lange als Orakelblume. Man stellte in der Weihnachtsnacht zwölf Blütenknospen der Christrose ins Wasser. Jede Knospe sollte einen Monat darstellen - je nachdem, wie sich die Knospen öffneten, sollte das etwas über das Wetter des Monats aussagen. Dabei sind Langzeitprognosen ohnehin ein schwieriges Thema und auch mit riesigen Computern nicht sinnvoll zu errechnen. Aber dennoch kann man an den Knospen der Christrose etwas über das kurzfristige Wetter ablesen: Geschlossene Knospen bedeuten schlechtes, offene Knospen gutes Wetter. Die Pflanze liebt halbschattige bis schattige, luftige Plätze und ist sehr langlebig. Bis zu dreißig Jahre alt kann eine Christrose werden.

Topinambur – sind das nicht die Süßkartoffeln?

Wie oft habe ich schon diese Frage gehört und muss eine enttäuschende Antwort geben. Bis auf den Fakt, dass beide Knollen unterirdisch an ihren Pflanzen heranwachsen, haben sie nur wenige Gemeinsamkeiten. Während Süßkartoffeln sehr kälte- und frostempfindlich sind, ist die Topinambur sogar winterhart und kann selbst an frostfreien Tagen im Januar oder Februar geerntet werden. Im Vergleich zur Kartoffel oder Süßkartoffel ist Topinambur kalorienärmer und wegen der vielen Ballaststoffe dennoch sehr sättigend. Beliebt ist ihr nussiger Geschmack, der auch ein wenig an den der Artischocke erinnert. Ihre Verwandtschaft mit der Sonnenblume erkennt man am hohen Wuchs – bis zu zweieinhalb Meter Höhe können die Pflanzen erklimmen – an der Blattform und an der nahezu identischen Blütenform, allerdings im Miniaturformat. So mancher hat die vermehrungsfreudigen Pflanzen eher als Blume und als Plagegeist im Garten und weiß nichts davon, dass die Knollen eine so wertvolle und wohlschmeckende Küchenzutat sind.

Altes, neu entdecktes Trend-Wintergemüse: die Pastinake

Pastinaken können und wollen ihre Verwandtschaft zu Möhre und Petersilie nicht leugnen. Oft werden sie sogar mit der Petersilienwurzel verwechselt. Doch es gibt beim genauen Betrachten einige recht deutliche Unterscheidungsmerkmale. Die Pastinake riecht nach Möhre und die Petersilienwurzel eben nach Petersilie. Der Blattansatz ist bei der Pastinake nach innen wie eine kleine Kuhle gewölbt, bei der Petersilienwurzel hingegen ist er genau anders herum nach oben gewölbt. Das wichtigste Merkmal ist aber der unterschiedliche Geschmack. Pastinaken kann man auch an frostfreien Tagen des Winters ernten und sie sind für unsere Ernährung in der kalten Jahreszeit ein wertvoller Vitamin- und Mineralstoffspender. Die sellerieartigen Blätter kann man zum Aufwerten von Brühen, Saucen und Suppen verwenden.

Süppchen von Topinambur mit Streifen von der gebratenen Wachtelbrust

500 g Topinambur
40 g Butterschmalz
50 g gepellte Schalotten
800 ml Hühnerbrühe
1 EL Weizenmehl
Pflanzenfett zum Frittieren
200 ml Küchensahne
Salz, Pfeffer
geriebene Muskatnuss
1 EL Pflanzenöl
100 g Wachtelbrust

Zwei Topinamburknollen beiseitelegen, die restlichen Knollen mit dem Sparschäler dünn schälen und in Würfel schneiden. Im erhitzten Butterschmalz nun die in Würfel geschnittenen Schalotten glasig schwitzen, die Topinamburwürfel zugeben und ebenfalls anrösten. Nun die Hühnerbrühe zugeben und das Ganze auf kleiner Flamme etwa 15 Minuten köcheln lassen. In der Zwischenzeit die restlichen Topinamburknollen gründlich waschen und noch eventuell anhaftende Erde abbürsten. Die sauberen Knollen in hauchdünne Scheiben schneiden oder hobeln. Die Scheibchen leicht salzen, mit dem Weizenmehl bestreuen und gut durchmengen, damit das Mehl rundum anhaftet. Nun die Topinamburscheibchen im heißen Pflanzenfett knusprig ausbacken und auf Küchenkrepp abtropfen lassen. Die mit dem Passierstab pürierte Suppe mit der Küchensahne verfeinern, mit Pfeffer, Salz und geriebener Muskatnuss abschmecken. Nun die in Streifen geschnittenen Wachtelbrüstchen kurz im erhitzten Speiseöl braten und mit Pfeffer und Salz würzen. Sie werden auf die vorgewärmten Teller verteilt und mit der Suppe begossen. Obenauf streut man die frittierten Topinamburscheiben und trägt die Suppe sofort auf.

Klirrender Frost oder Schmuddelwetter – Ernährung im Winter

Richtig kalt werden die hiesigen Winter meist nur für einige Tage. Dem Körper machen in der kalten Jahreszeit weniger die Temperaturen, als vielmehr mangelnde Abhärtung zu schaffen. Auch der häufige Wechsel von warmen, trockenen Büroräumen ins kalte, nasse Wetter verlangt dem Immunsystem einiges ab. Durch regelmäßiges Saunieren, regelmäßiges gründliches Händewaschen und Bewegung an der frischen Luft kann man der winterlichen Erkältung vorbeugen. Vor allem in der kalten Jahreszeit gilt: Gemüse hält, was Obst verspricht. Ein starkes Immunsystem lässt sich mit einer überwiegend vitaminreichen Ernährung auch erschlemmen. Paradebeispiele für stärkendes Wintergemüse sind die Klassiker Grünkohl und Rosenkohl. Sie enthalten in beachtlichen Mengen Vitamine, Mineralstoffe und Antioxidantien. Hartnäckig hält sich das Gerücht, dass sie erst richtig gut schmecken, wenn die Ernte nach dem ersten Frost erfolgt. Das ist aber nur die halbe Wahrheit. Im ersten Schritt dreht es sich hier um den Zuckergehalt dieser Gemüsesorten, im zweiten Schritt um den Termin der Ernte: Im Laufe des fortschreitenden Herbstes bildet sich durch die Photosynthese immer mehr Traubenzucker, den die Pflanzen einlagern – auch Rosenkohl und Grünkohl möchten sich schließlich für den Winter rüsten. Bei gleichzeitigem Verlangsamen des Stoffwechsels durch die kürzer werdenden Tage bildet sich der bei uns so beliebte herb-süßliche Geschmack. Es ist also weniger der Frost als vielmehr der verzögerte Erntetermin, wodurch sich das vorzügliche Aroma einstellt. Darüber hinaus arbeiten die Gemüsezüchter unablässig an neuen Sorten, die das Wintergemüse immer attraktiver werden lassen. So gibt es heute schon Grün- und Rosenkohlsorten, die bereits im frühen Herbst erntefertig sind oder auch Rote Bete-Sorten mit Farben rot-weiß bis weiß oder gelb bis orange-gelb – in der Gourmetküche werden die Neulinge immer beliebter. Wer allerdings den erdigen Geschmack der Bete besonders liebt, der greift weiter zu den kräftig roten Rübchen – die andersfarbigen sind milder im Geschmack. Erinnern möchte ich diesbezüglich auch wieder einmal an den Dichterfürsten Goethe, der regelrecht „vernarrt" in die Teltower Rübchen war. Vielleicht waren diese Vertreter aus dem Märkischen Sandboden ein Baustein dafür, dass Goethe für seine Zeit ein wahrhaft biblisches Alter erreichte. Weitere wertvolle Blattgemüse des Winters sind unbedingt der Feldsalat und auch der Chicorée. Letzteren gibt es auch als besonders dekorativen Spezi mit rot-weiß geflammten Blättern. Zwiebelgemüse wie Porree, Knoblauch oder auch die mannigfaltigen Zwiebeln sind perfekte Vitaminspender und stärken unsere Abwehrkräfte bei widrigen Wetterbedingungen. In der Liste der begehrten Küchenzutaten im Winter dürfen keinesfalls die Nüsse fehlen. In der Weihnachtszeit sind sie bekanntlich immer mit von der Partie. Aber auch im Zusammenspiel von Medizin und Küche sind sie, neben dem hervorragenden Geschmack, zur Stärkung des vegetativen Nervensystems, für die Senkung des Cholesterinspiegels und die Stärkung des Herzens hochinteressant. Nüsse sind bekanntlich auch ordentliche Kalorienlieferanten, hier gilt wie so oft: Maß und nicht Masse. Auch wenn meine Betrachtungen an dieser Stelle natürlich nicht allumfassend sein können, ein kurzes Resümee sei gestattet. Es gibt die verschiedensten Möglichkeiten, gesund durch die Wintermonate „zu schlittern" und immer sind sie im Zusammenspiel zu betrachten. Die aber wahrscheinlich bedeutungsvollste Stütze des Immunsystems ist eine ausgewogene, vitaminreiche und natürlich schmackhafte Ernährung in der sonst recht kargen Jahreszeit. Darauf basieren meine winterlichen Rezepte.

Rosenkohl mit Cranberries und Nüssen

4 Portionen

600 g geputzter Rosenkohl
40 g Butterschmalz
50 g fein gehackte Schalotten
Knoblauch nach Geschmack
60 g grob gehackte Nüsse nach Wahl
60 g getrocknete Cranberries
Salz, Pfeffer
geriebene Muskatnuss
Chilipulver

Die Rosenkohlköpfchen je nach Größe halbieren oder vierteln und möglichst im Dampf bissfest garen. Im erhitzten Butterschmalz die fein geschnittenen Schalotten glasig dünsten und nach Geschmack fein gehackten Knoblauch zugeben. Nun den Rosenkohl zugeben, wie auch die gehackten Nüsse und die getrockneten Cranberries. Mit Salz, Pfeffer, geriebener Muskatnuss und etwas Chilipulver würzen.
Das ist eine schmackhafte Beilage zu Wild, aber auch zu anderen Gerichten insbesondere in der kalten Jahreszeit.

Rosenkohl-Kochen mit „Köpfchen"

Der Sprossenkohl ist frisch verarbeitet am wertvollsten: Die äußeren Blättchen entfernen und den Strunk zurückschneiden. Das kreuzweise Einschneiden des Strunkes verkürzt die Garzeit und lässt die Röschen gleichmäßiger garen. Die Zugabe von Kümmel, Fenchelsaat oder Anis macht Rosenkohl bekömmlicher. Ein wenig Zucker im Kochwasser mildert den Kohlgeschmack.

Putenstreifen mit Grünkohl und buntem Gemüse aus dem Wok

4 Portionen

etwa 3–4 cm frische Ingwerwurzel
400 g Putenbrust, in Streifen geschnitten
2 EL Speiseöl
2 mittelgroße Zwiebeln, in feine Würfel geschnitten
4 gehäufte EL fein geschnittene Würfel von geschälter Möhre
400 g Grünkohl ohne harte Stängel und Mittelrippen
¼ l kräftige Gemüsebrühe
4 gehäufte EL fein geschnittene Streifen von bunter Paprika
Salz, Pfeffer, Muskatnuss

Ingwer in dünne Scheibchen schneiden. Putenstreifen mit Ingwerscheibchen, Salz und Pfeffer würzen und im vorgeheizten Wok in heißem Speiseöl kurz und kräftig unter Rühren anbraten. Dann die Putenstreifen aus dem Wok nehmen und im Bratensatz die Zwiebelwürfel glasig anbraten. Danach kommen die Möhrenwürfel und auch der blanchierte - oder besser im Dampf ca. 10 Minuten vorgegarte und in fingerbreite Streifen geschnittene - Grünkohl dazu. Mit Pfeffer Salz und nach Geschmack Abrieb von der Muskatnuss würzen. Alles gut anschwitzen und mit der Brühe auffüllen. Unter häufigem Rühren ca. 5 Minuten gut durchkochen lassen. Dann die Putenstreifen wieder zugeben sowie die bunten Paprikawürfel. Auf kleiner Flamme nochmals 2 Minuten ziehen lassen und eventuell erneut abschmecken. Zu diesem winterlichen Gericht passen Petersilienkartoffeln, aber auch Reis oder man genießt es solo ohne Beilage.

Übrigens *Grünkohl ist ein echtes Vitaminwunder, so ist allein sein Gehalt an Vitamin C rekordverdächtig. Im Wok lässt er sich punktgenau garen – ein wahres Geschmackserlebnis. Neben Ingwerwurzel sind auch Knoblauch, Chili und frisches Koriandergrün perfekte Geschmacksunterstützer.*

Apfel-Kürbis-Dessert mit Honig-Mascarpone

4 Portionen

150 g Mascarpone
1 EL Vanillezucker
1 EL flüssiger Honig
250 g Kürbisfleisch ohne Kerne und Schale
200 g geschälte und vom Kerngehäuse befreite Äpfel
100 g Walnusskerne
50 g Butter
100 g Zucker
1 TL Zimtpuder
Saft von ½ Zitrone
4 Zweige Minze

Zuerst den Mascarpone-Frischkäse mit dem Vanillezucker und dem flüssigen Honig gut verrühren und wieder kalt stellen. Nun das Kürbisfleisch und die geschälten und vom Kerngehäuse befreiten Äpfel in etwa zentimeterdicke Würfel schneiden. Vier Walnusshälften für die Garnitur zur Seite legen, den Rest grob hacken. Nun die Butter in einer Pfanne zum Schmelzen bringen und darin den Zucker leicht karamellisieren lassen. Jetzt kommen die Kürbiswürfel dazu, diese gut andünsten und mit einem Holzlöffel stetig rühren. Nun nacheinander die Apfelwürfel, die Nüsse und das Zimtpuder hinzufügen, zum Schluss mit dem Zitronensaft abschmecken. Die Apfel-Kürbismasse noch warm in passende Gläser oder Schalen aufteilen, mit der Mascarpone-Sauce überziehen, jeweils mit einer Nusshälfte und einem Zweig Minze garnieren und sofort servieren.

Übrigens *Äpfel und Kürbis ergänzen sich phantastisch. Das beweisen nicht nur dieses köstliche Dessert oder allerlei Suppen-Rezepte. Zu kaltem Braten passt ganz wunderbar ein Chutney aus diesen Früchten. Oder probieren Sie einfach mal eine Apfel-Kürbis-Marmelade mit etwas Vanille und Zimt: sie lässt jeden schmuddeligen Wintertag vergessen!*

Pastinakensüppchen mit feinen Apfelstreifen und Perlhuhnbrust in der Folie gegart

4 Portionen

150 g Filet von der Perlhuhnbrust
1 EL Speiseöl
200 g Kartoffeln, geschält und mehlig kochend
150 g geschälte Pastinake
1 EL Butterschmalz
50 g gepellte Schalotten
1 l Gemüsebrühe
2 EL Crème fraîche
100 g Apfel
1 kleines Bund Schnittlauch
1 EL Sojasauce
Pfeffer, Salz

Die Perlhuhnbrust wird von der Haut befreit, mit Salz und Pfeffer gewürzt und in einen mit Speiseöl eingefetteten Bogen Aluminiumfolie fest eingerollt. Bei 150 °C Umluft je nach Fleischstärke etwa 20 Minuten garen. Die geschälten und gewaschenen Kartoffeln und Pastinaken in Würfel schneiden und im erhitzten Butterschmalz andünsten. Nun die in feine Würfel geschnittenen Schalotten zugeben. Sind diese glasig gedünstet, die Gemüsebrühe dazugeben und mit geschlossenem Deckel etwa 20 Minuten köcheln lassen, bis die Pastinaken gar sind und die Kartoffeln anfangen, zu zerkochen. Jetzt die Suppe pürieren und Crème fraîche unterrühren. Mit Pfeffer und Salz und etwas Sojasauce abschmecken. Den geschälten und vom Kerngehäuse befreiten Apfel in feine Streifen schneiden und die Apfelstreifen kurz vor dem Servieren in die heiße Suppe geben und diese noch 2–3 Minuten ziehen lassen. Nun die Perlhuhnbrust aus der Folie nehmen, in gefällige Stücke schneiden und auf den vorgewärmten Suppentellern verteilen. Die Suppe aufgießen und mit Schnittlauchröllchen bestreuen.

Übrigens *Pastinaken feiern in unseren Küchen seit einigen Jahren ein Comeback. Sie sind reich an Stärke und Zucker und deshalb sehr nahrhaft. Das Beste aber ist ihr aromatischer Geschmack. Pastinaken lassen sich vielseitig verarbeiten – sie eignen sich für feine Suppen, aber auch ein Püree ähnlich wie von der Kartoffel oder Pastinaken-Chips schmecken köstlich. Immer möglichst kleine Exemplare kaufen. Große und dicke Pastinaken sind bisweilen holzig und trocken.*

Der außergewöhnliche Weihnachtsbraten – Entenkeulen im Bratschlauch zubereitet

4 Portionen

4 Barbarie-Entenkeulen
2 Äpfel
1 Knoblauchzehe
50 ml Weißwein
2 EL Honig
frischer Thymian nach Geschmack
1 Bio-Zitrone
100 g Rosinen
Salz, Pfeffer

Von den sauber geputzten Entenkeulen die überhängende Fettauflage abschneiden. Die Äpfel schälen, vierteln und das Kerngehäuse herausschneiden, dann in nicht zu dünne Keile schneiden. Die gepellte Knoblauchzehe fein hacken, mit Weißwein, Honig und den abgestreiften Thymianblättchen gut verrühren. Etwas geriebene Bio-Zitronenschale zugeben sowie den frisch gepressten Saft von einer halben Zitrone. Mit dieser Mischung die Entenkeulen rundum einpinseln, mit Salz und Pfeffer würzen, und in den Bratschlauch geben. Dazu kommen nun die Apfelschnitze und obenauf die Rosinen. Vor dem Zubinden noch eine Tasse Wasser zu den Keulen gießen. Die Entenkeulen sollten reichlich Platz im Bratschlauch haben. Deshalb etwa 20 Zentimeter von den Entenkeulen entfernt den Verschluss befestigen.

Nun im auf 220 °C vorgeheizten Ofen die Keulen etwa 1 ¼ Stunden garen. Dann den Bratschlauch aufschneiden, die Keulen nochmals mit der Thymian-Honig-Mischung bestreichen und weitere 15 Minuten im Bratschlauch im Ofen knusprig backen. Danach die Keulen aus dem Bratschlauch nehmen und noch etwas im ausgeschalteten Ofen ruhen lassen.

Den Bratensatz durch ein Sieb streichen, nach Belieben eventuell noch mit etwas Johannisbrotkernmehl oder Maisstärke nachbinden und die Sauce abschmecken. Meist reicht aber die Konsistenz durch die zerkochten Äpfel.

Dazu schmecken ein deftiges Grünkohlgemüse oder aber als Klassiker Apfel-Rotkohl und Kartoffelklöße.

Omas Lebkuchen aus Kartoffelteig

für ca. 60–70 Stück

375 g gekochte, zerdrückte mehlig kochende Kartoffeln
3 Eier
375 g Zucker
50 g Zitronat
50 g Orangeat
250 g gemahlene Haselnüsse
225 g Weizenmehl
1 ½ Pck. Backpulver
2 TL Zimt
ca. 60-70 Backoblaten (5 cm Ø)
dunkle oder helle Kuvertüre
Mandelblättchen

Zuerst die Kartoffeln ungeschält kochen, abkühlen lassen und dann pellen und zerdrücken. Die Eier und den Zucker schaumig rühren. Orangeat und Zitronat fein hacken. Dann mit allen anderen Zutaten zugeben, einschließlich Backpulver, Zimt und Kartoffeln. So lange rühren, bis eine gleichmäßige Masse entstanden ist.
Die Kartoffelteigmasse gleichmäßig dick auf die Oblaten streichen und auf einem mit Backpapier belegten Blech verteilen. Die Lebkuchen bei 180 °C im vorgeheizten Backofen bei Umluft ca. 15 Minuten goldbraun backen. Die Kuvertüre zerlassen und die abgekühlten Lebkuchen damit bestreichen und nach Belieben mit Mandeln oder anderen Nüssen garnieren.

Tipp *Je nach Größe der verwendeten Backoblaten und Aufstrichmenge variiert die fertige Lebkuchenanzahl.*

Kennen Sie die Königskerze?

Sie wird auch Wetterkerze genannt. Ihre Blütenspitze schaut nach Osten, wenn es sonnig wird und neigt sich gen Westen, wenn Regen aufzieht. Aber diese Pflanze kann noch mehr: Sind die Blätter der Blattrosette, die sich im ersten Jahr bildet, im unteren Bereich recht dicht, setzt im Winter der Schneefall sehr früh ein. Liegen dagegen im oberen Teil der Rosette die Blätter nah beieinander, gibt es erst zum Jahreswechsel den ersten Schnee.

Winterliches Wetterwissen

Raureif

Raureif, auch Raufrost genannt, ist ein fester Niederschlag. Wenn sich dicker Raureif über die Natur, aber auch über Autos oder Laternenmasten legt, sieht alles ein wenig wie nicht von dieser Welt aus. Die Kinder denken, es hätte geschneit, Raureif jedoch bildet sich meist bei strahlend blauem Himmel und keiner einzigen Wolke. Er entsteht, wenn Wasserdampf direkt aus der Luft verfestigt oder wenn Wassertropfen aus Nebel gefrieren. Unter diesen Bedingungen entstehen nadelartige Eiskristalle. Es können sich unnatürliche Formen, Eisblumen und teils auch lange Stacheln entwickeln, die beeindruckende Formen annehmen. Manchmal sieht die Natur auch aus, wie von einem Zuckerguss überzogen.

Für die Raureifbildung müssen so einige, recht seltene Wetterbedingungen zusammenkommen: Die Luftfeuchtigkeit muss über 90 Prozent liegen und die Temperatur unter minus 8 Grad. Auch der Wind spielt eine Rolle: Einerseits muss er vorhanden sein, denn er fördert die Bildung von Raureif. Aber er darf auch nicht zu stark wehen, weil er dann die zerbrechlichen, empfindlichen Strukturen zerstören kann. Raureif wächst sozusagen gegen den Wind.

Winterliche Wolkenkunde

Stratus – Tiefe Schichtwolke

Überall grau. Hängt eine tiefe Schichtwolke erstmal am Himmel, verschwindet sie nicht so einfach wieder. Sie ist träge, hängt sich breit fest und man muss sich mit ihr abfinden. Jetzt kann man sich nur noch mit dem Gedanken trösten, dass über ihr die Sonne scheint. Die tiefe Schichtwolke entsteht durch ein winterliches Hochdruckgebiet. Zeigt Ihr Barometer zum Beispiel im Winter also hohen Luftdruck an, wundern Sie sich nicht, wenn es draußen grau, trüb und nasskalt ist: Wenn sich feuchte, kalte Luft bei uns breit gemacht hat und es kaum Wind gibt, wie bei Hochdrucklagen, kann sich Hochnebel, eine strukturlose, tiefhängende Wolkendecke, bilden. Sie entsteht auch bei Inversion, das heißt Temperaturumkehr. Normalerweise wird die Luft, je höher sie steigt, kälter. Bei einer Inversion liegt die wärmere Luft jedoch in höheren Luftschichten, sie liegt wie ein Deckel auf einem Kochtopf und lässt die übrige, nasskalte Luft nicht aus dem Topf. Hochnebel fühlt sich am wohlsten zwischen 100 und 200 Metern und kann sogar je nach Temperatur etwas Nieselregen oder Schneegriesel bringen. Meist ist dieser so fein, dass das Radargerät ihn nicht erfasst. Man spürt ihn aber auf

der Haut, diesen leicht nass machenden Sprühregen. Im Frühling und Herbst, wenn die Sonne etwas höher am Himmel steht und länger scheint, kann sie den Hochnebel des Morgens am Vormittag mit ihrer Wärme auflösen und wir haben schönstes Hochdruckwetter mit Sonnenschein. Im Winter aber hat die Sonne durch ihr kurzes Scheinen und das tiefe Stehen über dem Horizont kaum Kraft. Da kann es tagelang dieses deprimierende Novemberwetter geben, wobei es jeden Tag immer noch ein bisschen kälter und ungemütlicher wird. Erst ein Tiefdruckgebiet, das die Atmosphäre mal wieder mit Wind etwas aufmischt, kann uns aus dieser ungemütlichen Wetterlage befreien.

Was ist Industrieschnee?

Als Industrieschnee bezeichnet man Schnee, der durch Emissionen von Industrieanlagen entstanden ist. Er ist deutlich feinkörniger als normaler, natürlicher Schnee, denn er stammt aus geringen Höhen, meist nur etwa 100 bis 200 Meter. Dadurch haben die Eiskristalle nicht genügend Zeit, um sich vollkommen auszubilden.

Industrieschnee entsteht meist zwischen November und Februar. Für sein Aufkommen müssen einige meteorologische Bedingungen zusammenkommen. Zunächst muss eine Temperaturumkehr auftreten, eine so genannte Inversion: In der Höhe ist es wärmer als am Boden. Zudem darf kein Wind wehen, es muss Nebel oder Hochnebel vorherrschen, sodass genug Feuchtigkeit vorhanden ist. Außerdem müssen die Temperaturen unter null Grad liegen. Dann kann es ganz lokal zu diesem Industrieschnee kommen, einem durchweg vom Menschen gemachten Wetterphänomen.
Übrigens: Auch aus Schneekanonen in Skigebieten kommt „technischer Schnee", den wir als Kunstschnee kennen. Seine Produktion ist leider sehr energieintensiv, aber für die Tourismusbranche in den teils milden Wintern überlebenswichtig, sofern sie sich nicht den Gegebenheiten anpasst und wandelt.

Gibt es wirklich schönes Wetter, wenn der Teller leer gegessen wird?

„Iss deinen Teller leer, damit es morgen schönes Wetter gibt!“ So oder so ähnlich hat wohl jeder diesen Ausspruch schon einmal gehört. Ich selbst habe mir bisher wenige Gedanken gemacht, weshalb es diese Kausalität zwischen geleertem Teller und Wetter geben soll. Betroffen war ich allerdings im Kindesalter häufig genug davon, denn ich zählte zu den ganz „schlechten Essern“, was man mir heute leider nicht mehr ansieht ...

Bei der Beschäftigung mit dem Thema Wetter machte mich dieser so oft gehörte Satz nun aber neugierig und eine Erklärungsmöglichkeit führt nach Norddeutschland, wo sich im Plattdeutschen eine Redewendung findet, die in etwa so klingt: „Wenn du dien Teller leer ittst, dann gifft dat morgen goodes wedder.“ Eigentlich wollte man mit dem Wort „wedder“ ein „wieder“ ausdrücken und spielte nicht mal ansatzweise auf das Wetter des morgigen Tages an: Wenn du deinen Teller leer isst, gibt es morgen wieder was Gutes. Diese Erklärung des kompetenten Lauenburger Literaturwissenschaftlers Michael Krumm scheint plausibel, denn einen direkten Zusammenhang zum Wetter kann man wohl mit gesundem Menschenverstand ausschließen.

Ist also alles nur ein Interpretations- oder Übersetzungsfehler? Warum erzählen Eltern seit Generationen, und selbst noch heute, ihren Kindern einen derartigen Unsinn? In meinem Fall bin ich sicher, dass sich meine Eltern und Großmutter sorgten, die geringe Nahrungsaufnahme könnte meine Gesundheit und Entwicklung beeinträchtigen, da nicht genügend Nährstoffe zugeführt werden. In den Jahren nach dem Krieg kam parallel zu der Angst, zu wenig zu essen zu haben, auch die Achtung vor Lebensmitteln dazu. Schließlich musste man noch wenige Jahre zuvor kämpfen, um überhaupt etwas Essbares auf den Teller „zu zaubern“. Da war der Ärger sehr groß, wenn das mäklige Kind seinen Teller nicht leer aß, obwohl man bei der Zubereitung so viel Mühe und Zuneigung eingebracht hatte. Die andere Seite der Medaille, was das Aufessen anbelangt, zeigt sich in den internationalen Tischsitten: In einigen Ländern wie z.B. Thailand, Japan, Kanada, USA, Russland oder auch Finnland lässt man höflich einen kleinen Rest auf dem Teller zurück. Denn andernfalls signalisiert man mit dem blitzblanken Teller, dass man zwar gerne noch weiter gegessen hätte, sich der Gastgeber jedoch leider zu geizig zeigte – wie unhöflich! So hatte ich das bisher noch nicht betrachtet!

Saftiges Früchte-Nuss-Brot

für 1 Kastenform 26 cm

4 Eier
150 g flüssiger Honig
1 gestrichener EL Rum
200 g Weizenvollkornmehl Type 1050
2 gestrichene TL Backpulver
2 TL Zimtpulver
75 g Haselnüsse
75 g Walnüsse
150 g getrocknete Datteln
150 g getrocknete Feigen
150 g Rosinen
125 g Zitronat

Eier schaumig rühren, Honig und Rum dazugeben. Das Mehl mit Backpulver und Zimt vermischen und unter die Eiermasse rühren.
Die Nüsse grob hacken, Datteln und Feigen in kleine Stücke schneiden, Zitronat fein schneiden. Alles zusammen mit den Rosinen unter den Teig rühren.
Eine passende Kastenform mit Backpapier auslegen und den Teig einfüllen. Bei ca. 170 °C Ober- und Unterhitze ungefähr 60 Minuten backen (Stäbchenprobe machen!).
Das gebackene, ausgekühlte Brot in Alufolie wickeln. Nach 3 Tagen kann es angeschnitten werden. Wer es verschenken möchte, bestreut es mit etwas Staubzucker. Dann sieht es sehr festlich aus.

Tipp *Wer kein Zitronat mag, kann es mit weiteren Nüssen oder Trockenfrüchten ersetzen.*

Nachwort

Und so, liebe Leserin und lieber Leser, schließt sich der Kreis der Jahreszeiten und des Wetters und beginnt von Neuem. Denn nichts ist so beständig wie der Wandel - wusste schon Heraklit. Wir hoffen, wir konnten Ihnen auf den vergangenen Seiten Impulse geben und vielfältig Lust machen: Darauf, die Pflanzen und den Himmel bewusster zu betrachten, die Natur auch in der Stadt wahrzunehmen und vor allem das Zusammenspiel zwischen Nahrung, Umwelt und unserer Gesundheit mehr zu beachten. Denn vor allem in unserer hochtechnisierten, schnellen und globalisierten Welt sind das Wissen um das Althergebrachte und die bewusste Nutzung herkömmlicher Ressourcen ein Ankerpunkt für die Seele, die Gesundheit und die Erhaltung unserer Umwelt.

International führende Meteorologen und Klimaforscher warnen bereits seit Jahren vor den dramatischen Folgen unserer ständig wachsenden Konsumwut und dem scheinbar nicht zu bremsenden Streben nach Profit. Zu komplex ist das Thema, um es hier mit wenigen Sätzen umfassend zu behandeln. Dennoch sollten wir erkennen, dass auch unser eigenes Handeln Auswirkungen hat - positive wie auch negative. Den Mut und das Engagement zu haben, auch mit kleinen, eigenen Beiträgen gegenzuhalten, das sollte unser Anspruch sein. Der natürliche Klimawandel wurde von uns Menschen beschleunigt - durch verantwortungsvolles Handeln im Alltag, durch ein Bewusstsein für die Probleme, die mit dem Klimawandel einhergehen, können wir ihn jedoch auch eindämmen. Das klingt groß und unmöglich für den Einzelnen - und ist doch jeden Tag machbar. Unser Planet ist unsere Lebensgrundlage. Um ihn und uns zu erhalten, ist ein grundlegendes, schnelles und couragiertes Umdenken erforderlich. Wer meint, die Uhr stünde auf fünf vor zwölf, irrt - es ist schon fast zu spät. Jeden Tag verseuchen wir die Erde und uns mehr, jeden Tag haben Menschen mit den brutalen Folgen des Klimawandels zu tun. Dass dies kaum auf unserem Kontinent passiert, heißt nicht, das ginge uns nichts an. Wer nicht an die Folgegenerationen denkt, denkt verantwortungslos. Dürren, Überschwemmungen, Abholzung, Unwetter und die Vermüllung der Ozeane - an allem haben auch wir Menschen Schuld. Um den drohenden Kollaps zu verhindern, müssen wir dringend unser Konsumverhalten ändern. Neben vielen anderen Notwendigkeiten, die zum großen Teil auf hoher politischer Ebene geklärt werden, gibt es Millionen einzelner Beiträge, die jeden Tag helfen können, die Welt zu einer besseren zu machen. Das Große spiegelt sich im Kleinen wider: Klimabewusstes Kochen beginnt auch bereits beim Einkauf. Regionale Produkte sollten immer den Vorzug erhalten. Sie hatten die kürzesten Transportwege und sind durch den schnellen Verbrauch bezüglich der Inhaltstoffe am wertvollsten. Wozu Äpfel aus Neuseeland, wenn alleine in Thüringen über sechzig sehr schmackhafte Sorten gedeihen und angebaut werden? Wieso müssen wir fürs Weihnachtsmenü Spargel oder Beeren und Gemüse vom anderen Ende der Welt herbeischaffen, wo wir doch eigene, regionale und schmackhaftes Lebensmittel haben, die voller Kraft stecken? Auch ein sparsamer und gut kalkulierter Einkauf hilft schon weiter. Gezieltes Einkaufen verhindert, dass nicht benötigte Produkte verderben und verschwendet werden. Denn immer mehr wertvolle Lebensmittel und Konsumgüter, deren Herstellung unsere Umwelt und damit unser Klima belastet haben, werden sorglos und leichtfertig vernichtet. Respekt vor Lebensmitteln zeigt sich auch im Zubereiten von Resten - eine Kunst, die unsere Eltern noch beherrschten. Besonders schlecht ist unser Umgang mit Brot, 500 000 Tonnen landen davon jährlich im Abfall. Für den Handel machen Produkte nur Sinn, wenn es eine Nachfrage gibt. So wird billigstes Fleisch tagtäglich in Massen als Sonderangebot angepriesen - doch unter welchen Umständen leben und wachsen die Tiere heran, deren Fleisch wir fast täglich zum Spottpreis essen? Wie viele Medikamente, mit denen die Fleischindustrie Tiere schnell wachsen lässt und „gesund" erhält, essen wir mit? Wie wollen wir die Achtung vor dem Leben haben, wenn wir es wie Müll behandeln? Wie können wir bedenkenlos Grundwasser trinken, wenn es derart belastet ist mit Nitraten und Rückständen aus der landwirtschaftlichen Überdüngung der Böden durch die Massentierhaltung, so sehr, dass selbst die EU Deutschland zur Räson ruft? Wie können wir das Bienensterben beklagen und gleichzeitig gleichgültig gegenüber Monokulturen und Pestiziden auf den Feldern und Wiesen sein? Wie können wir noch ohne Bedenken Fisch kaufen, wenn er aus Meeren kommt, die so voller Plastikmüll sind, dass sich Mikroplastik heute auch im Fleisch der Tiere wiederfindet? Wie bio sind Tomaten noch, wenn sie aus Italien im LKW über die Alpen transportiert werden? Und wie absurd ist es, in Dürregebieten der Dritten Welt Grundwasser abzupumpen, um es der Ersten Welt, uns, in kleinen Plastikflaschen zu verkaufen? Keine Frage: Essen ist politisch geworden. Was auf unseren Tellern landet, hat Auswirkungen, nicht nur auf die eigene Gesundheit, sondern auch auf unsere Umwelt und die zukünftigen Generationen. Unser Kaufverhalten hat größere Effekte auf die Industrie, als mancher vermutet. Nutzen wir diese Macht als Verbraucher!

Auch beim Kochen selbst kann man Einfluss auf eine günstige Umweltbilanz nehmen. Allein das simple Kochen mit Deckel spart Ressourcen und entlastet obendrein noch den Geldbeutel. Auch die Garzeiten helfen beim Energiesparen, moderne Gargeräte unterstützen dabei. Neben der günstigeren Energiebilanz bleiben zudem wertvolle Inhaltsstoffe besser erhalten und der Eigengeschmack der Produkte überrascht uns sensationell.

Den Kopf in den Sand zu stecken bringt nichts. Eine nachhaltige Ernährung ist für das Klima auf unserer Mutter Erde sehr bedeutend. Der blaue Planet soll doch auch für künftige Generationen noch blau und nicht grau erscheinen!

Ihre Michaela Koschak und Ihr Herbert Frauenberger

Rezeptverzeichnis in alphabethischer Reihenfolge

S

W

Z

Bildnachweis

Colourbox.de (S. 34, 37, 44, 52, 58, 76, 83, 102, 104, 118, 133, 140, 143, 146, 149, 155)

Fotolia.com (S. 24: 5second;
S. 27: Ezume Images;
S. 66: Doris Heinrichs;
S. 75: Natallia; S. 86: karepa;
S. 89: A_Lein; S. 90: Catmiser;
S. 98: FomaA; S. 106: Dar1930;
S. 120: Edward O'Neil;
S. 123 und S. 124: photocrew;
S. 135: faustalavagna;
S. 138: Catherine Murray)

iStock (Titelmotiv: Val_Iva;
S. 11: shopplaywood)

mauritius images GmbH
(S. 23: foodanddrinkphotos;
S. 43 und S. 145: Foodcollection;
S. 101: imageBroker/Gourmet-vision)

Sabrina Nürnberger, Erfurt (S. 117)

Pixabay.de (S. 28, 38, 41, 47, 54, 55, 57, 61, 65, 69, 73, 78, 97, 109)

Unsplash.de (S. 2, 6, 8, 13, 14, 16/17, 19, 29, 31, 32, 38, 48/49, 50, 62, 69, 70, 73, 81, 85, 92/93, 95, 109, 110, 112, 115, 126/127, 128, 130, 137, 151, 152, 155)